南京味道

余斌 著

译林出版社

图书在版编目（CIP）数据

南京味道 / 余斌著. — 南京：译林出版社，
2025.3
ISBN 978-7-5753-0007-0

Ⅰ.①南… Ⅱ.①余… Ⅲ.①饮食－文化－南京－文
集 Ⅳ.①TS971.202.53.1-53

中国国家版本馆CIP数据核字（2024）第006202号

南京味道 余 斌 / 著

责任编辑　王　玥
装帧设计　金　泉
校　　对　施雨嘉　戴小娥
责任印制　闻媛媛

出版发行　译林出版社
地　　址　南京市湖南路1号A楼
邮　　箱　yilin@yilin.com
网　　址　www.yilin.com
市场热线　025-86633278
排　　版　南京展望文化发展有限公司
印　　刷　江苏凤凰新华印务集团有限公司
开　　本　787毫米×1092毫米 1/32
印　　张　12.75
插　　页　4
版　　次　2025年3月第1版
印　　次　2025年3月第1次印刷
书　　号　ISBN 978-7-5753-0007-0
定　　价　59.00元

目录

是早点，也不全是

野菜乎？

零食乎？

也算"探店"？

新版引言

有"新"必有"旧"或"老"。老版《南京味道》十多年前在三联书店出版，收入"闲趣坊"丛书，有一"小引"，对内容有所交代之外，对书名何所取义也有一番"狡辩"，其中有些意思没变，还可用；有些意思要变通，须接着说。不管不变或改变，接着说都要有"底本"，原打算把"小引"附在后面，现在想想，也许照抄一下更能接得上也未知，就照抄如下：

关于吃，大概每个人都有很多记忆。我那辈人的记忆中比较特别的一项，是都吃过"忆苦饭"。不会多，也就一两回，却是印象深刻。应该也是各式各样，有地域色彩的。干的稀的我都吃过，干的

一

是窝窝头，稀的是糊糊，要皆符合"吃糠咽菜"的描述，对我们而言，那是关于"旧社会"最直接的体验。印象中稀的稍好些，糠做的窝窝头特别难以下咽，不仅是"味同嚼蜡"，还粗粝到刮喉咙。那是小学时的事，在当时一个"活学活用"积极分子顾阿桃的家乡。大家都是一脸的痛苦，饶是有老师督阵，好多人还是只吃得一两口，就偷偷扔了。其时我颇显示了一点"大无畏"的精神，将窝头整个吃下，且尽量做到神态自若，似乎权当励志，也可说是"咬得菜根，百事可为"的"革命"版吧？另一同学做得要更夸张些，一边吃一边还说："其实一点也不难吃。"当时不觉，事后就觉这样的表态颇成问题："不难吃"引申起来，岂不是说"旧社会"并非"暗无天日"到不可忍受？

"忆苦"意在"思甜"，有糠窝窝头垫底，我们平日所食，竟算得上"天上人间"了，虽然事实上那是个缺吃少穿的年代，理论上却应该是不以为苦的。无如在吃上面人本能地"取法乎上"，越是没东西可吃，吃的冲动越是强烈，于是一些于今看来绝对当不得"美食"二字的吃食，也在匮乏的背景上尽显其诱惑性。吃的非"革命"、非"精神"性质固然要求我们抵制诱惑，乃至于特定的时候还会有罪恶感，因小资产阶级"享乐主义"的劣根性而大加忏悔，批判会上一概归为"剥削阶级思想"的作祟，然而兀自在肚里蠕动不已，凡有吃喝的场合则汹涌暗潮必决堤而出，整个原形毕露。大体上，"吃"与"革命"各走各的道，相安无事，井水不犯河水，虽然吃起来不能那么明目张胆，理直气壮。所以待火红年代过去，脑子固然因受洗而终不能完全复原，吃的本能却因未受实质性伤害，颇能一任天真。

然而毕竟是生于吃事荒芜的年代，又加家里没有吃的传统，这上面的童子功是没有的，条件所限，后天的修炼也差得远，难望美食家的门槛。虽然于美食的境界，不胜向往，吃来吃去，却终是在"下里巴人"里打转，不足以言"美食"，只能在一些美食书里聊寄相思。据我想来，写吃的书是得有资格的，或遍尝山珍海味；或于一地食尚了如指掌；或精通厨艺，下得厨房；或对一饮一馔的来历如数家珍……凡此种种，我无一具备。之所以写了一些关于吃的文字，多半还是因为马齿渐长，时或回想起旧事，正因当年"吃"之珍稀，记忆中些许味美之物竟自"熠熠生辉"起来，诸多吃事的细节居然也不招自来，分外鲜明。所以它们与其说是关乎吃，不如说是关乎记忆。至于写到现在时的吃，则是过去之余——大着胆子写来，也是因为现而今"讲述老百姓自己的故事"已然是受到鼓励的了。

因此之故，将这一类的文字收到一起，本想就以"吃的记忆"为题，只因似乎不够浑成叫不响，终于放弃。现在的书名则基于"务实"的考虑：据说关及吃的书与一地相连属，在市场上更易行销。既然是南京人，这地方当然就该是"南京"。名实相副，我所欲也，然而书能多卖，更属实惠，务虚终归敌不过务实，"不管白猫黑猫，捉到老鼠便是好猫"，其理在此，倘当真多卖出些个，将来多下几回馆子，亦不失以吃养吃之道。有此俗念，也便从权——虽然是否如愿，也就难说，赔了夫人又折兵的事也是有的。

起初打算叫作"南京胃"：书中所写，远出于南京之外，然南味北味，固是从我肠胃而过，我的肠胃则有明显的南京印记——夸张点说，饮食习惯的养成，于五味的亲疏远近，乃至对某样具体食物的好恶，皆由南京这方水土、文化塑造。诚所谓"一饮一啄，莫非前定"。如此这般，称作"南京胃"，似乎还说得通。此外自觉也还别致。

问题是不大明确，伤于"空灵"，没准读者会误以为是比喻性的说法，与吃的联系在有无之间。若称"南京味道"，或可免易生浮想之弊吧？"务实"当真是条不归路，以"吃的记忆"始，以"南京味道"终，也就这样了。强作解人，我把"南京味道"解作"南京胃"的另一说法，如我之辈，其胃口也确乎有某种"南京大萝卜"的味道。

市面上以某地"味道"冠名的美食书恐不在少数，想来皆可充一地的美食地图。本书显然不是，倘有读者希望按图索骥，必会大失所望，失望之余，或者要以"挂羊头卖狗肉"相讥。怎么说呢？——也是该的。（2012年4月15日）

想以强作解人的"狡辩"堵住众人之口是不可能

的，书出来以后即有不少读者指责"南京味道"名不副实，也有熟人开玩笑，说我这是如同抢注商标一般，占据了资源。这些我辩无可辩，不说其他，书里有些归类的标题，"关乎烟酒""觅食槟城"之类，或是去"味道"甚远，或是一看便知与"南京"八竿子打不着——简直是"授人以柄"。所幸还有许多读者宽宏大量，"得鱼忘筌"，不去计较书名的"托大"，于书中的饮食记忆多有会心，甚至浑不介意将书中模糊不清的"南京"也给认领了。

虽然如此，我对书名的被讥讽，还是不无耿耿，"忍辱负重"之余，再写关于吃的文章，有意无意间就会强调"南京"的存在，有时甚至刻意找些和南京有关的题目来写，想着有朝一日，出一本于南京的吃真正"切题"的书，也算是"以赎前愆"。

曾经有过一个机会，我做过一点南京化的小型努力：南京2019年成功获选"世界文学之都"，该项目的主事者选定《南京味道》作为对外推广书目中的一种，译成英文，在海外出版发行。篇目可做调整，我便抽去了显而易见文不对题的部分，代之以较"南京"的篇什。但也是便宜行事，只是拣到那时为止写就的相对

"切题"的文章用上，并未专门添写新的。潜意识里恐怕是觉得，老外对中国饮食尚且是一囫囵的概念，地方性的吃吃喝喝，他们哪里拎得清？大概其的就行了，不必顶真。

读者眼前的这本书与那本英文版又不同，是"以赎前愆"念头的某种"变现"。沿用了"南京味道"作为书名，内容却做了大大的调整，不是修订，是旧作的"痛改前非"版，原先的篇目，仅有少量留用。三联版是先有文章，书名属事后追认，胡乱安上；新版是意在笔先的"循名责实"。这里的"实"，包括对南京独有的吃食的寻思，比如盐水鸭，比如菊花脑，比如旺鸡蛋、活珠子，比如油球，比如炖生敲……但并不限于"本地风光"，或者，"本地风光"原本就是一个重叠的概念，"南京味道"与淮扬菜系有相当重合，江南饮食习惯大差不差，画地为牢大可不必，袁枚的《随园食单》几乎要被看作金陵菜谱了，事实上却是覆盖了古人的"江南"，说南京，其实也是在说江南，反过来说，也一样。

另一方面，饮食传统是一直在变动当中的，不少外地美食，经了一番"本土化"的适应、改造后，已然进入了我们的食谱，成为日常饮食的一部分，比如煎饼餜子、胡辣汤，缺了它们，现今南京的早点市场虽不至于没法维持，却显然是不完整的。再如源自四川的酸菜鱼，上至大酒家，下至路边店，甚至学校的食堂，踪迹处处可见，你甚至很难想出有哪道南京菜比它更"无孔不入"。从异地到本土，扎根和变异，其演化的过程，恰是我感兴趣的看点。你不能说，那和"南京味道"就不相干。

此外书中还有些处看似"景深"更大，说吃不限于一地，扯到了别地的饮食，属于食分南北的比较学，远近衬映的差异论。然而说东说西，说南说北，横看侧看，有意无意间，都是以南京为本位，即使异地风味，也是南京眼光，是以南京为基点去比较的。

但这并不是说由旧版到新版，要变身美食攻略或美食地图了——不管怎么说，新版是由老版脱胎而来，有些痕迹是抹不去的，也没打算尽行抹去。尽行抹去，于我自己，就大有忘了初心的意味。"初心"为何，已抄在上面，现在这样，固然"南京"多了，"味道"多了，但更多的，还是关乎记忆。这些年对于吃，兴味有增无减，但要成为真正的吃货，路漫漫其修远，笔下"干货"因此也就有限。我在网上追看高文麒的"探店"视频，常自惭形秽，更觉大有藏拙的必要——人家那才叫言之凿凿，"干货"满满。

"干货"一词，本义就是由吃而来，具体地说，是指用风干、晾晒等法去除了水分的食品、调味品（木耳、牛肉干、葡萄干、胡椒……可以举出一大堆），药材也算；现在本义不彰，似乎已被网络义覆盖，狭义是指网上的实战指南之类，泛指涵盖面就广了，不限于实用，似乎比较"硬核"者都在内，与"水货"正可对举。

当然"干货""水货"是比较的概念，我的理解，是对硬知识的强调。何者为干货，何者为水货，还是要依知识的硬核程度而定。比如古人论文，考据、义理、辞章，说起来三位一体，比较起来，考据就更容易被视为干货。吃上面属干货者，不拘饮食上的"知识考古"，还是实地考察式的"探店"，都算。这些我的文章里也不是没有，但都做不到"铁案如山"。更多牵扯出来的，可能倒是吃的周边，比如个人经历、时代氛围之类。所以才会有"也算'探店'？"一辑，说的是我年轻时南京的几家饮食店，着墨多是一鳞半爪的印象，店家的名点名菜甚至也有拎不清的，记忆所及，吃食与场景打成一片，倒是所谓"年代感"的一部分了。

饮食的味道，与一时一地的气息，与陆游所谓"世味年来薄似纱"的"世味"，原本就是连作一气的。如果读者于食物的滋味之外还辨出些其他味道，倒也不算全是误打误撞。且容我不够专注，"拖泥带水"地写来。

鸭，

鸭，

鸭

板鸭
盐水鸭
桂花鸭

　　有个熟人跟我谈到南京的吃食，大赞鸭血粉丝汤之余，对自家的一个盲区表示惭愧：到现在也不知，南京板鸭、盐水鸭、桂花鸭是一回事还是几回事。我对他的"求甚解"表示欣赏，同时安慰道：第一，别说你这样的过客，不少南京人也拎不清，只好含糊其词；第二，不耽误吃就行了，管那么多干吗？

　　话虽如此，为南京的鸭子"正名"还是大有必要的。我提纲挈领给出了这么几条：板鸭属腌腊食品，风干过的，盐水鸭现做现吃；板鸭须蒸煮后食用，盐水鸭是熟食；桂花鸭即盐水鸭，可以算它的别称——就这么简单。

一

南京板鸭名声在外，往前推二十年，说起南京土特产，即便不是首选，也绝对位于前列。南京人反而"灯下黑"：板鸭当然知道，但其实很少会吃，通常吃的是盐水鸭。好多土特产，是因外地人而存在的，本地人反而莫名其妙，板鸭即是显例。

很长一段时间里，南京作为"鸭都"的名声，都是板鸭挣下的。明清时南京有民谣："古书院（南京国子监），琉璃塔（大报恩寺塔），玄色缎子（云锦），咸板鸭。"还有种夸张的说法，将南京板鸭、镇江香醋、苏州刺绣并称"江苏三宝"，此外又有"北烤鸭南板鸭"之说——说的都是板鸭。民谣的背景是南京，"三宝"扩大到江苏，最后一条"景深"更大，北方也被拉进来。在我看来，都属于民间的"外宣"文案，对象乃是外地人，尤其是后两条。直到新世纪之后，"板鸭"的盛誉，才被"盐水鸭"夺得。其中的"权势转移"，外人哪里闹得清？二名并用，混为一谈，认板鸭为盐水鸭，或相反，将盐水鸭呼为板鸭，皆在所难免。

先有板鸭还是先有盐水鸭，是一个问题。有个说法是，盐水鸭是板鸭的衍生物，我觉得可疑：源起上说，盐渍、风干，都是因食物难以久存而想出的招，哪有舍了新鲜先来"做旧"的道理？后来的人讲论南京鸭子"前世今生"，会一直追溯到东吴，说那时已经"筑地养鸭"。养鸭是拿来吃的，怎么吃？没说。按照"六朝风味，白门佳品"的追认，板鸭那时候已见雏形。其由来还伴以传奇性的故事——近人夏仁虎引《齐春秋》，言之凿凿："板鸭始于六朝，当时两军对垒，作战激烈，无暇顾及饭食，便炊米煮鸭，用荷叶裹之，以为军粮，称荷叶裹鸭。"

《齐春秋》是梁武帝时吴均做的史，因犯忌被皇上烧了，夏仁虎从哪抄来的？此其一。其二，从"炊米煮鸭""荷叶裹鸭"似乎很难推断出那是板鸭。对阵的不是远征军，无暇顾及的饭食也并不是用干粮代替。"炊米"如就是煮饭，那米饭不能久放，无须板鸭来搭档，"煮鸭"单凭一"煮"字，听上去倒更像是盐水鸭。

但追本穷源非我所能，也非我所欲，我感兴趣的是够得着的过去，板鸭和盐水鸭在日常生活里扮演的角色。

先看板鸭。板鸭墙内开花墙外香，和它在外地的可及性正相关，饶是盐水鸭怎样可口，在前高铁时代，须得现做现吃这一条，就让它的号召力出不了南京。板鸭在此尽显优势，是故早早就有了"馈赠佳品"的定位。清朝时候，是要孝敬到宫里去的，故称"贡鸭"，官员互相送礼，又称"官礼板鸭"。

板鸭的"板"是平板的板，也是板实的板。既指板鸭盐渍风干时压制呈板状，也是喻其制作之后肉质的紧实——凡以"板"形容者，多少都与紧实、筋道有关，如徽州腌肉称"刀板香"，河南、安徽一些地方的"板面"。"板鸭"之号，也不是尽属南京，湖南有酱板鸭，福建有建瓯板鸭，安徽有无为板鸭，江西则有南安板鸭，做法各各不同，"板"到何种程度不一；其为腌腊，趋于板状，则是一样的。南京板鸭名声独大，除了因是大码头的特产，多半还因顶着"贡鸭"之名。

这名头食之无味，弃之可惜。一物如主要的用途尽归于请客送礼，多半就是这个命。南京板鸭几乎是馈赠专用，请客时都少见——请吃饭是客来南京，这时候盐水鸭可以登场了，何劳板鸭？忝为南京人，我只有数得过来的几次吃板鸭的经历。印象无一例外，只得一个

"咸"字。经"干、板、酥、烂、香"的赞语的提示，"干"和"板"可以补上，"酥""烂""香"实在说不上。还有称其"肉质细嫩紧密"的，则更是不知从何说起。在腌腊制品那儿找"细嫩"，是不是找错了地方？

"咸板鸭"吃起来咸味重，是意料中的（一如咸肉必咸），但很少人对它能咸到什么程度有充分的估计。食不得法，会感到板鸭简直没法吃。正确的"打开方式"，应该是在清水里久泡，去其咸意，而后再蒸或煮。外地人不知就里，往往是洗一洗就上锅下锅，结果是咸到难以入口。即使泡过，且你以为泡得时间够长了，亦难改其咸。吃一次如此，以为是制鸭师傅下手重了，回回如此，就要怀疑是通例，做板鸭似乎以能久藏为终极目标，宁咸勿淡遂成为制作时的"政治正确"。

送礼是"聊表寸心"，送出手则目的已然达成，没有几个人会连带着把注意事项一起奉赠。我猜后来的板鸭已然不是早先的"裸"赠，包装上必有食法的提示，问题是有几人会去遵照执行，且我们的说明大多是含糊其词的，明白的自然明白，不懂的还是不懂。结果馈赠的"贡鸭"，其命运很可能是束之高阁地供着，等最后不得不处理了，不明不白弄了吃一下，伴随着对板鸭之美名的极度困惑。

还有一条，所谓食得其法，应包括上桌前的分解，鸭子应该是"斩"了吃的，就是得连骨剁成块。湖南酱板鸭或是后起的啤酒烤鸭可手撕，南京人吃鸭一定要"斩"，否则吃起来感觉大大地不对。斩鸭子非鸭子店专业人士不办，你想，收下板鸭大礼的，谁家里有人会这一手？最后必是对付着吃。

曾不止一次面对外地人挑衅性的疑问：你们的板鸭有什么好吃的？！我的反应从里到外都是"不抵抗主义"的，因在我这个本地人看来，板鸭同样一无是处。所以就出现了很吊诡的局面：令南京鸭子名满天下的，是板鸭；坏了南京鸭子名头的，也是板鸭。我觉得板鸭给南京美食带来的负面效应，与西湖醋鱼在造就杭州"美食荒漠"恶名上起的作用，有一拼。

据说几成杭州美食符号的"西湖醋鱼"，本地人其实不屑一顾。南京人里，好咸板鸭这一口的老人，还是有的，但我敢打包票，百分之九十以上的南京人，他们说喜欢吃鸭子，指的不是盐水鸭，就是烤鸭——"斩鸭子"，二者必居其一，没有板鸭的份。

南京鸭子晚近的历史，若要不避戏剧化，单道一个侧面，可以描述为板鸭的消亡史。小时逛南北货商店，腌腊制品柜台，火腿之外，最抢眼的就要数板鸭。曾几何时，南北货商店没了，卤菜店则少见板鸭现身，高铁时代，土特产名存实亡，板鸭乏人问津，当真成了一个概念了。它"有名无实"的现状，从网上也可看出：若想网购，输入"板鸭"二字，跳将出来的多是湖南酱板鸭、安徽无为板鸭、江西腊板鸭……"南京板鸭"也有的，基本上是盐水鸭在"冒名顶替"，那是将错就错，利用外地人只晓板鸭不知盐水鸭暗度陈仓。鸭子店有仍然高举板鸭大旗的，譬如大名鼎鼎的"章云板鸭"就是，问题是，不论本地人外地人，大排长队者，多半都是冲它家的烤鸭去的。

二

将板鸭置换为盐水鸭，是不是就可以挽回外地人心目中南京鸭子的声誉？不知道。这里特别提到外地人，实因南京烤鸭的口味与盐水鸭相比，据我想来，要更容易接受。对于南京人来说，未必爱上盐水鸭，才算是对鸭子"真爱"；然而烤鸭是别地也有的（虽有差异），盐水鸭则是独一份，所以盐水鸭才是够不够"南京"的试金石。

以南京人吃鸭的实况论，已是烤鸭、盐水鸭平分天下的局面，烤鸭的拥趸多于盐水鸭的也说不定，但"对外窗口"，盐水鸭仍是首选。比较像样的餐馆，整桌的席面，十有八九，还是它作为南京鸭界的代表，出面应酬。有个熟人是盐水鸭的铁杆，坚称盐水鸭"上得厅堂，下得厨房"，雍容大方，是大婆之相；反观烤鸭，只合在家里吃吃。此说我不能接受：且不说扯到大老婆小老婆的拟于不伦，就事论事，烤鸭哪里就显得小家子气了呢？首选盐水鸭，除了未有间断（烤鸭一度销声匿迹，且名声也为北京烤鸭所掩），还是因它的区分度吧？——烤鸭不少地方有，盐水鸭则是南京独一份。

"盐水鸭"的命名很直白，和"烤鸭"一样，提示的是做法；也一样的大而化之，却更容易产生误导，让人以为就是拿盐水一煮了之。的确有人在家里自己炮制简版，就是花椒、葱姜塞入鸭腹，加料酒等一顿狂煮，大道至简，"亦复不恶"。当然这是业余的，专业版即店家所制，要讲究得多。正宗的南京盐水鸭，做起来是有口诀的，所谓"熟盐搓、老卤复、吹得干、煮得足"。

何为"熟盐搓",何为"老卤复",凡说到盐水鸭,必会有一番详解。强调的就一点:程序很复杂,断不是"盐水"那么简单。哪一种卤味都会渲染自家独有的配方如何复杂玄妙,手续的繁复,香料的众多,盐水鸭在这上面未能免俗。"熟盐搓"所以去腥,"老卤复"所以入味,其实不管卤什么,店家都是标榜老卤的,没什么特别。若要比什么药材、香料的话,更是乏"善"足陈——盐水鸭做的绝对是减法,盐、花椒、八角而外,啥也不用,而且所用几种香料,也用得很节制,分寸感极强,以至让人产生错觉,仿佛只有简单一味咸。

看来看去,盐水鸭与众不同处,还在低温卤制。小火慢卤,温度控制在90℃以下,就是说,并不在小沸的状态,竟像是保温,让我想起使用煨炖锅。"煮得足"的替代说法是"焐得透"——与其说是煮熟的,不如说是焐熟的。

我更感兴趣的不是技术流的角度,而是一番复杂操作之后呈现的简单味。陈作霖《金陵物产风土志》中称"淡而旨,肥而不浓",张通之《白门食谱》里说"清而旨,久食不厌"。我觉得"淡而旨""清而旨"言简意赅,最得要领。陈在前,张在后,应该是张抄了陈,但"口之于味，有同嗜焉"，也许是不约而同，一样的感觉。

"清""淡"既可以是味觉、口感上的"肥而不浓"，也可以是视觉上的皮白肉粉，清爽悦目。两相交融、复合，生出清淡之意。"旨"是味道美妙的意思，合在一起用大白话说，就是好吃不腻。我甚至怀疑盐水鸭予人的清淡感首先来自视觉。比起红烧，清蒸显得清淡，盐水鸭是白卤，就清淡这一点看来，可比为卤味中的清蒸。

白卤不用酱或酱油，只用最本色最基本的咸，就是盐（酱或酱油则是合成的咸，复合的咸）。盐在所有的调味品中是最朴素、最"透明"的一种咸，不显山露水，最能将食物的本味和盘托出，"原音重现"。诸味当中，咸通常最易被忽略，盐因此不大有存在感，却最是润物无形，所谓"如盐入水，有味无痕"。江南人最习惯的味型曰"咸鲜"，盐于鲜，实有点化之功。我曾有过好几次，鲜鱼鲜肉煨汤，久炖之下，满屋飘香，尝一口却聊无"鲜"意，原来是忘了搁盐。待加了盐，立马咸鲜尽出。盐水鸭中盐的重要已是写在额头上了，妙就妙在咸诱出食物本身的鲜而一点不抢戏。

鸭子的鲜美，端在鸭肉特有的一种清香。按照中医的说法，鸡是热性的，鸭是凉性的，那一套阴阳分类的说法很让人头昏，我也不大信，但或许多少受到一点心理暗示，总觉鸭子有一种凉意，就出自那份清香之中，而没有哪一种做法，比盐水鸭更能还原出这份清香。"清水出芙蓉，天然去雕饰"，大有讲究，又似看上去浑不费力的文章，江南美食讲究咸鲜本味，要的就是这境界吧。南京不南不北、亦南亦北的地理特征，投射在吃上面，是南京人的口味忽南忽北。在苏锡常一带的人看来，当然是偏北，但一款盐水鸭，却出落得比苏杭还苏杭，比江南还江南。

盐水鸭不仅俘虏南京人，在外地人中的接受度也很高，然真正对其"久食不厌"的，当然还是南京人。对"盐水"的情有独钟甚至超乎鸭子，别有寄托，也就在情理之中。鸽子的吃法，几乎是广式一统天下，"脆皮乳鸽"已然走向全国了，唯独"南京大牌档"挑头创出了"盐水乳鸽"。"大牌档"还有一道"清汤老卤鹅翅"亦大受欢迎。这两道菜的研发，店家很有理由得意。我不知配料、做法，口味上总可以归为"盐水"一脉，想来不是凭空而来——盐水鸭的提示，不言而喻。本地的餐饮品牌"小厨娘"也做盐水乳鸽，据说颇受欢迎。我不知外地人接受度如何，在南京肯定是有市场的。无他，吃盐水鸭的老底子绝对可以是直通车。

这就见出盐水鸭在南京的底蕴了。当然，这些都是"盐水"的变奏，就"基本面"而言，最可观者不在大餐馆，而在街头巷尾星罗棋布的鸭子店/卤菜店。"韩复兴""桂花鸭"这些品牌店，号召力不言而喻，但事实上居家不出一公里，必有那一带的人认准的某家小店，以菜场周边可能性最大，好比地方名牌。我新近相中的一家，叫作"白门食居"——看店名想不到是家鸭子店。

三

了然了盐水鸭，解释桂花鸭是怎么回事几乎全无必要：桂花鸭即盐水鸭，不过是盐水鸭的美称而已。较真地说，原本是指八月桂花开时制作的盐水鸭，此时的鸭子最是肥美，做出来色味俱佳。《白门食谱》上说："金陵八月时期，盐水鸭最著名，人人以为肉内有桂花香也。"先是随口这么叫，其后白纸黑字，遂成定式。南京的桂花鸭集团，以"桂花"为商标，出处也在这里。顶着"桂花鸭"招牌的连锁店四处开花，当然不是金秋时节才营业，桂花鸭与盐水鸭也早就一而二，二而一，不分彼此了。好比南京又称金陵，如此而已。

就是说，桂花是一个时令的概念，与食野菜一般，桂花鸭也可视为南京人讲究"不时不食，顺时而食"的一个表现。偏偏有人要强作解人，我在网上还看到过一种踵事增华的解释，说命名之由来，是因制鸭时放入了桂花。不好说一定没有好事者做过这样的实验，只是即或有之，想来也是"于味无补"。此说未曾"谬种流传"，我回过头去找，已然找不见，显然这里的"想当然"太过生造，无人采信。

甚至《白门食谱》之"人人以为肉内有桂花香"一说，我也以为不能当真。张通之自己联想丰富也就罢了，偏要为全体食客代言，号称"人人"。凡说盐水鸭者，十有八九都会引证张说，既然对盐水鸭未免有情，对张通之的美言便也成人之美，顺理成章，较真就煞风景了。但是仍然要说，你借我十个鼻子我也闻不出桂花味来，吃也吃不出来。

"肉内有桂花香"的认定从何而来呢？只道是联想。

单说吃本身，那是饮食；浮想联翩起来，才是饮食文化。张通之的联想是味觉上的，我的联想偏视觉——看"桂花鸭"三字，就恍惚见古服的人坐在桂花树下饮酒吃盐水鸭。那么，桂花香当是从树上飘来。

吃盐水鸭，有个桂花的背景板，也不错。

烤鸭之辨

二十世纪八十年代有部挺叫座的电影，叫《雅马哈鱼档》，演个体户的，扑面而来的岭南风味。我对南国的想象，之前由小说《三家巷》《香飘四季》推动，之后就由这电影打底。"个体户"当主角，解放后的电影里没见过，随伴而来的，是浓浓的"改开"气息。"改开"不等于烟火气，但这部电影里二者却是混而为一，好似在提示，"改开"的一个面向，乃是日常生活的回归。

内容已模糊，片名分明说的是鱼档，印象中却是男主角等几个人赤着膊在卖烧鹅。有此记忆，当然是因为烧鹅列阵高挂的画面，不然就是当时与人有过"烧""烤"之辩。广东得风气之先，个体经营早已风起云涌，内地要慢半拍，不过南京的烤鸭店也一家一家冒出来了。起初有不少还不是固定的门面，街边巷口支个摊就卖。我有个小学同学就是这样发起来的，有次在珠江路小粉桥那一带遇到，他脖子上、手腕上戴着粗粗的金链，说都是24K的，我头一次知道金子还有多少K的分别。南京第一拨的万元户，据说有不少就是卖鸭子起家。

到这时候，南京烤鸭对我来说，才算浮出水面。父母不是南京人，家里没有吃的传统，我甚至不知南京有烤鸭一说。我吃烤鸭的经历是反着来的，因为大学一年级暑假去了趟北京，当个项目，在前门烤鸭店把北京烤鸭吃了，南京本地的烤鸭倒是后来才补的课。

南京烤鸭，说起来"古已有之"，问题是二十世纪七十年代似乎已近于消失（所以不少有点岁数的老南京都认定，南京人过去都是吃盐水鸭，八十年代以后吃烤鸭才开始变得普遍），至少是难得一见，鸭都全凭盐水鸭勉强支撑大局。所以个体户蜂起的那个时代，才是我这个年纪的人的烤鸭元年。

我会与人做"烧""烤"之辩，是在《雅马哈鱼档》里看到烧鹅以后：分明是"烤"，怎么说"烧"？据说烧鹅之外又有烧鸭，到底怎么"烧"？被我询问的那位，坚称烧与烤是两回事，却说不出区别在哪儿。后来当然知道了，现在"烧"大多指"先用油炸，再加汤汁来炒或炖，或先煮熟再用油炸"，但作为烹饪方法还有一义：就是烤，故烧鸭即烤鸭，我们现在干脆把"烧""烤"叠起来用，所谓"烧烤"其实并不"烧"，就是"烤"。

推敲这个"烧"字恰好暴露了我的不够"老南京"：原先南京人是把烤鸭叫作"烧鸭子"的，现在有些上了年纪的老南京还那么叫。再往前推，文献上所说，都是"烧鸭"。《随园食单》"羽族单"里有"烧鸭"条："用雏鸭上叉烧之"，系烤鸭无疑，写得明明白白。陈作霖《金陵琐志》记南京鸭子："鸭非金陵所产也，率于邵伯、高邮间取之。么凫、稚鹜千百成群，渡江而南，阑池塘以畜之，约以十旬肥美可食。杀而去其毛，生鬻诸市，谓之水晶鸭；举叉火炙，皮红不焦，谓之烧鸭；涂酱于肤，煮使味透，谓之酱鸭；而皆不及盐水鸭之为无上品也。淡而旨，肥而不浓，至冬则盐渍日久，呼为板鸭。"可见民国年间的南京，烤鸭还是称为"烧鸭"。

再后来还知道，广东、南京、北京之外，云南宜良的鸭子也很有名，而且是一直称"烤鸭"的。宜良是昆明市的一个县，很不起眼，烤鸭却是远近皆知。一九九二年往云南走亲戚，到了已近中越边境的砚山，有一顿饭，主打就是宜良烤鸭，不知是宜良人把生意做到了砚山，还是大老远从宜良买过来的。我虽是从号称"鸭都"的南京来的，也得承认，宜良烤鸭，一点不差。

可以让南京人自豪一把的是，天下烤鸭是一家，追本溯源，甭管北京的、广式的，还是宜良的，老祖都是"金陵烤鸭"。北京烤鸭是随大明迁都带过去的，最早做北京烤鸭出名的"便宜坊"，要表示有来历，打出的名头居然是"金陵片皮鸭"；广式烧鸭源自南京；宜良烤鸭是朱元璋下令移民云南的南京人传过去的。

与诸多来历久远的美食一样，金陵烤鸭闻名遐迩，也少不了种种传说的帮衬，"讲好烤鸭故事"中最流行的版本，是和朱元璋绑定的。帝王崇拜深入人心，美食硬往上扯，意料中事。喜欢拿来说事的，乾隆是一位，下一趟江南，就能留下诸多美食的想象空间；朱元璋也要算一位，"珍珠翡翠白玉汤"因同名单口相声广为人知，常熟"叫花鸡"也着落他头上，再有便是金陵烤鸭，是当皇帝之后的事了，说是"日食烤鸭一只"。不像"十全老人"的乾隆，朱元璋苦孩子出身（打天下的皇帝，特别是起于微末的皇帝，我们会直呼其名，乾隆那样的，名字都搞不清），与之相关的美食亦接地气，"珍珠翡翠白玉汤""叫花鸡"都是落魄时的充饥物；吃金陵烤鸭时天下已定，自可放开肚皮吃。

有意思的是，民间想象也是"有迹可寻"的，乾隆生来锦衣玉食，"日食烤鸭一只"不会往他头上安，安到朱元璋头上，即使意在突出烤鸭味道之美，也还是带出了他贫寒出身的草莽食量。出于好奇，想查"日食烤鸭一只"的出处（众口一词，都称"据说"），却查不到。当然，即使有文献佐证，也只能证明朱皇帝早年"饥来驱我"的记忆让他成为暴食暴饮的典型，妥妥的"报复性消费"。

"橘生淮南则为橘，生于淮北则为枳"，金陵烤鸭南传北传，虽无改烤鸭之为烤鸭的根本（焖炉、明炉、叉烤，都是"烤"），因地制宜，改良变通，则是势所必然。选用的鸭种不必说了（都用本地鸭，或是填鸭），做法、吃法也有差异，太"技术流"的那些不说，只说外行也一望而知的，蘸料，就不一样。北京烤鸭，是甜面酱；南京烤鸭，是特制的卤子；广式烧鸭，多蘸酸梅酱；宜良烤鸭似乎没有一定之规，可蘸甜面酱，也可以是椒盐，我"亲测"的那次，是辣椒粉和盐巴的混合。

　　做法上最像南京烤鸭的，也许是宜良烤鸭，虽然和广式烧鸭一样表皮刷蜂蜜，不像南京的涂麦芽糖稀，但烤前不加腌制，却是一般无二。腌制可使入味，广式烧鸭即是腌后再烤，吃起来因此更觉入味。腌制的另一效果是令鸭肉更紧致弹牙，反过来说，盐的加入会让肉变得结实（此处的腌属于"暴腌"范畴，时间短，少则几小时，长不过三四天），反过来说，未腌制则鸭肉更鲜嫩也未可知。反正我吃南京烤鸭，觉得就鸭肉的酥嫩而言，更在盐水鸭之上，因为烤，又比盐水鸭多了一份焦香。

　　广式烧鸭是用一小盒装酸梅酱，南京烤鸭给的卤汁要多得多，用小塑料袋兜着，回家倒出来，吃饭的碗能有大半碗。这个量，绝对有必要，因烤鸭虽经腌制，大旨在去腥提鲜增香，不在入味，故空口吃则味淡。烧鸭则是更入味的，酸梅酱带来的是风味之味，烤鸭卤汁则还要负责咸淡的。一般的做法，似乎是将卤汁浇到鸭块上去，谓之"浇卤子"，我以为还不够味，因不够利益均沾。一碗鸭子，下面的部分固然淹在卤中，堆上面的只是水过地皮湿，最好是另以一碗盛装卤汁，鸭块依次浸泡其中，稍待片刻再夹起。

鸭卤是从鸭子的腔子里来的，这也是南京烤鸭的特别处：烤制时是要往鸭肚子里灌水的，外面烤得滋滋滴油，腹内则是沸腾的状态，故有"外烤内煮"之说。总觉南京烤鸭特别嫩，与此也不无关系。但关键不在这里，对许多老南京而言，烤好之后从腹腔中放出的鲜汁构成了卤汁的基本面，才是要紧的。倒也不是特别浓，毕竟烤制的时间也就二三十分钟，但内蓄的一包汁水，仍自透着鲜。当然还需加入各种调味料调制，加什么、比例如何，没有一定之规，各家都有独得之秘。调出的卤汁皆作深浓的酱油色，据说讲究的是自炒焦糖色，要不加一滴酱油，才算本事。于各家卤汁的种种细微处，老南京吃家自有以辨之，不免神乎其技。这也是要有阅遍千山的经验的，我道行不够，这家那家的鸭子，吃得出皮肉的差异，反是几乎要被说成独门暗器的卤汁，我觉得各家大差不差。称为南京烤鸭的"灵魂"，好像高下尽在一卤，夸张了吧？

但这是回到内部而言，论"大局观"，同别种蘸料（甜面酱、酸梅酱）相比，我绝对是卤汁的拥趸。不管哪种烤鸭，以意度之，都偏鲜甜口，表皮要刷糖稀或蜂蜜且不论，北京烤鸭蘸甜面酱，其"甜"可知，广式烧鸭配酸梅酱，南京烤鸭的卤汁也是偏甜口。然有黏滞浓稠与清爽之别，从重浊到清爽，依次是甜面酱、酸梅酱、卤汁。比起来，卤汁竟有一清如水的轻盈。蘸酱不免拖泥带水，卤汁则浸入片刻，浴卤而出，得其味却一无挂碍，最能保持鸭肉的清鲜之气。

当然蘸料是"托儿"的角色，也是一物配一物，错不得，拿南京烤鸭蘸甜面酱固然货不对板，北京烤鸭浇了卤汁荷叶饼包起来吃也难以想象。

北京烤鸭其实与其他诸烤鸭是不好并论的，因从金陵到新的皇城，改造之后，烤鸭在北京已然又是一番气象。从烤制到吃法，与所从来处可谓渐行渐远，可以说上一大通，但我独对各自的"应用场景"最感兴趣，这也最是一望而知的：北京烤鸭须堂食，别种烤鸭，堂食外带两便；北京烤鸭须热食，其他的，热食冷食两便——刚出炉的更佳，但似乎还是冷食为多。广式烧鸭常进入快餐系列，是为"烧鸭饭"，南京人的"斩鸭子"，不拘下酒、佐餐，皆不与饭做一处，快餐饭、盖浇饭得用别的菜"下饭"。又有"冒烤鸭"者，是川渝一带传来的新晋吃法，属"冒菜"的推陈出新，另当别论。

堂食、热食，将北京烤鸭推向庙堂之高。即使上了席，南京的烤鸭也是作为冷荤、前菜出现，不像北京烤鸭，就算不是绝对的主打，也属一道大菜、硬菜，足以独当一面。不管老派的全聚德、便宜坊，还是新派的"大董"，登场皆隆而重之，厨师当场片皮，仪式感拉满。南京烤鸭一如"斩鸭子"的说法传达，满满的里巷风。在过去，天热之时，家门口小桌上摆买回的鸭子，解开塑料袋，装鸭子的快餐盒都懒得换成盘碗，坐小凳上小酒就可以喝将起来。

北京烤鸭须堂食、热食，还有它的仪式感，大部分要着落在鸭皮上。其酥脆，也的确堪称一绝。我头一次在前门新店吃，记得是连肉带皮一起片的，曾几何时，尝鼎一脔，独属鸭皮了。又有一法，不是和葱白丝、黄瓜丝一起蘸酱，春饼裹了吃，是以片下的鸭皮径直蘸了白糖送进嘴里，一口下去，满口油脂香，让我联想到小时大人将熬油余下的油渣让小儿蘸了糖或盐吃。有次对请客的北京哥们儿开玩笑说了句大不敬的话，称北京烤鸭精华在鸭皮，鸭皮的本质是油渣。

与北京烤鸭皮与肉的分离主义倾向不同，南京烤鸭的皮与肉是二位一体的，连皮带肉一起吃，才得其妙。事实上，南京人论烤鸭高下，鸭皮也是一端，以"皮还是脆的"为尚，斩回的鸭子若皮仍有脆意，则如中彩，只不过这是加分项，不像北京烤鸭，皮若不脆则几乎一无是处。明清烤鸭北传，便宜坊的烤鸭既然打过"金陵片皮鸭"的旗号，可知南京的烤鸭也是片皮的，现在本地的烤鸭再无此说。广式烧鸭斩剁时常见皮不附肉，南京的斩鸭子通常却相当之"完形"。我倒不在意看相，一口下去，皮香脆与肉鲜嫩，口感上有层次，才是关键，皮是皮肉是肉就打了折扣。好比吃红烧肉，每一口须得有皮有肉才好。

这些年，北京烤鸭似乎很有几分"下沉"的意思了，不少小城市里也能见着踪影。在南京，北京烤鸭火过一阵，碑亭巷一带，曾是北京烤鸭店扎堆的地方，一溜开了好多家。洗牌几轮之后，就有"褚记"冒出来，连锁性质，好多家，有个Slogan（英语：口号）的，大意："吃烤鸭，到褚记"，价格相当之平易近人。前几年褚记开出一家奔高端去的"玄锦·鸭府"，以"传世国宴"相号召，记得把全聚德的传统菜火燎鸭心等等也搬上菜单了，但似乎没多少人追捧，不知何时就销声匿迹了。北京烤鸭则仍一径在往平民化的路上走，先是菜场左近一类的地方出现了"北京果木烤鸭"，后来则有升级版，装饰着大红门头的"北京烤鸭"，都是做外卖，堂食"三吃"里的汤免了，后者鸭架取现在最流行的方式，油炸。片皮，片肉，早已分装好的春饼、葱白丝、黄瓜丝、甜面酱，打个包，店家手法麻利得很。虽然没有堂食的地道，油炸的鸭架上撒着辣椒粉孜然粉的我尤其不接受，然回家吃起来，至少鸭皮还保持了几分酥脆。

这是让北京烤鸭走上街头巷尾了，可见平民化是大势所趋。不过要说平民化，哪里比得了南京烤鸭呢？我觉得它是自带烟火气的。

作为『备胎』的酱鸭

南京的鸭子江湖，盐水鸭当然是盟主，绝对的头牌。烤鸭第二的位置也是不可撼动的，而且似乎已抢了盐水鸭的风头，相当地"能打"。二把手常是最"能打"的那个，大当家未必就地位不稳，因江湖地位，不只是看是否能打，少壮派任是怎样少壮，还得靠老成持重的罩着。

一号二号有了，三号为谁？盐水鸭、烤鸭几乎可说是并驾齐驱、共主的局面，其他鸭子，望其项背都有难度。但若是要把座次排下去，那第三把交椅该由谁坐，似乎又显而易见。我指的是酱鸭。酱鸭是外来户，与土著不能比已如前述，然在外来户中又遥遥领先，把别个甩下不止一个身位。我的印象中，似乎它自家就构成了比上不足比下有余的中产阶级。

外地鸭子在南京上演的兴衰记，各有各的戏，有的无声无息（比如樟茶鸭子），有的大火之后淡出江湖（如啤酒烤鸭），有的就是一轮游（比如琵琶鸭），唯独酱鸭稳扎稳打，从来也没有热闹过（啤酒烤鸭有过争相购买的盛况，但从未见有人为吃酱鸭排过队），却能跻身前三，长治久安。

这么说，我是以南京最常见的卤菜店为准。在南京，鸭子太强势，以至有时候卤菜店被叫成"鸭子店"。有自做自卖的鸭子店，也有只管卖的鸭子店。即便是前者，大多也并非专卖鸭子，什么五香牛肉、凉拌腐竹、凉拌素什锦、海带丝、南农烧鸡……照例都是有的。本市的卤菜店，外来户往往自成系统，比如广式烧腊店，比如"紫燕百味鸡"。啤酒烤鸭、琵琶香酥鸭、"北京果木烤鸭"等等，也是另起炉灶，与鸭子店、卤菜店绝不相混。酱鸭我也见过单打独斗的，但好多卤菜店盐水鸭、烤鸭并举之外，同时也兼卖酱鸭，一点不见外。

岂止是不见外？差不多快"视同己出"了。即使是盐水鸭、烤鸭的铁杆，有时也要换换口味，有个调剂，如果调剂限定在鸭子的范围内，这时候酱鸭往往就是充当备胎的那一个。这里所谓换口味，不是指完全受好奇心驱使的那种，那属于"作意好奇"的范畴，是对未知的试探，有冒险意味；酱鸭乃是已知的味道，有把握的调剂，常规的选项。就是说，某种程度上，酱鸭是进入了"体制"的——如它在鸭子店/卤菜店能见度极高这一条所暗示，人家是进了编，有户口的。游离于"体制"之外的，像"北京果木烤鸭"要另立旗号；四川的油淋鸭，须依附"紫燕百味鸡"。

南京人认的是哪一种酱鸭？什么时候落的户，待考；源自何处，也待考。做酱鸭的地方太多了，酱鸭的种类也不少，撇开了风干类的酱板鸭不论，还是四处开花的局面。记忆中最初吃的是嘉兴酱鸭，知道有嘉兴这么个地方，就是因为酱鸭（嘉兴肉粽成为地方名片是后来的事，照说因为南湖，因为红船，早该知道，也的确知道，但那是从教科书上看来的，与日常生活不生关系，属于另一个系统的记忆，如同平行世界）。但很快又邂逅了另一种酱鸭，标出了地名的，但地方太小，名字很陌生，怎么也想不起了。

嘉兴酱鸭色泽红亮，体形较大，我忘其地名的那种小酱鸭，色深，呈往黑里走的匀整的深咖啡色。一张扬一沉着，像高光漆与亚光漆的区别。吃起来却有相通处，即是来自鸭子表层的甜，这是南京本地鸭子没有的。盐水鸭不用说，烤鸭的卤汁倒是有明显偏甜口的，但和酱鸭的甜不是一回事，我最初领教其中的差异，就是从这里开始的。其甜在表，且来得温和含蓄。借四川乐山一道名吃的名目，酱鸭也可以叫"甜皮鸭"，因也是最后往表皮上刷糖色。但川人重口，甜皮鸭是卤制好之后拿熬好的糖浆往上淋，厚厚一层简直要结壳为琉璃样了，以至于要把"甜"字写到脸上。

比起来，酱鸭的甜就显得轻描淡写了。而且那点甜一点不会影响到整体的咸鲜，表皮较明显，往下基本就吃不出来了。酱鸭自然要有酱香，酱香浓郁却又并不夺鸭肉的清鲜，同时鸭肉虽较烤鸭紧实，总体上却仍不失其嫩，皮虽肥厚，与肉一处，吃来不觉肥腻。这几条加到一起，是我觉得南京人"视同己出"的原因。

说起来酱鸭还是江南风味，与盐水鸭的"清而旨"可以唱和。前面提到那种皮色深暗的酱鸭，虽不知其出处，但我想应该还是来自江浙某地。江浙好多地方吃酱鸭都是有传统的，嘉兴之外，苏州的酱鸭也很有名，据说过节必食，杭州的笋干老鸭煲广为人知，其实酱鸭在杭州人日常饮食中的地位，一点不在其下。可以这么说，这些地方（包括上海）说到吃鸭，酱鸭构成了基本面，就像盐水鸭、烤鸭之于南京人。现今南京卤菜店的酱鸭究竟是哪一路的，怕是说不清了，也没必要说清。好些名吃都是以地名来定义的，比如"天津童子鸡""六合猪头肉""清远清蒸鸡"，刚进入异地似乎尤其需要地方标签来点新异感。酱鸭在南京出现，大多见到的都是"嘉兴"，没怎么见到过打别的旗号（前面举的忘了出处的一例是例外），渐渐地，"嘉兴"隐去，酱鸭就是酱鸭，好像无须交代了。

其实江南各地的酱鸭，大同小异，无须交代，"英雄不问出身"，也许正说明其融而为一，"本土化"了。

附记：还没等读者挑刺，我发现已被一些并不稀见的材料"打脸"了。陈作霖《金陵琐志》说到清末民初南京鸭业的盛况："杀而去其毛，生鬻诸市，谓之水晶鸭；举叉火炙，皮红不焦，谓之烧鸭；涂酱于肤，煮使味透，谓之酱鸭；而皆不及盐水鸭之为无上品也。淡而旨，肥而不浓，至冬则盐渍日久，呼为板鸭。"再早些，《随园食单》里提到一种"挂卤鸭"（"挂卤鸭　塞葱鸭腹，盖闷而烧。水西门许店最精。家中不能作。有黄、黑二色，黄者更妙。"），我以为应该也是酱鸭。可见酱鸭在南京，属"古已有之"。陈作霖书我之前不仅读过，而且还曾引用，居然忘诸脑后，还是太仰赖一己的经验，又被"嘉兴"等名目误导，"想当然耳"的缘故。但酱鸭较盐水鸭、烤鸭确乎边缘，"备胎"一说，似乎仍可成立，上文就不改了，打个补丁订正一下。自留破绽，也有意思。

斩鸭子

有次无意中在网上见到有人问"斩鸭子"是什么，有人答了，说是南京菜，看做法，与白斩鸭一般无二——这是把"斩鸭子"看作与盐水鸭、烤鸭不同的另一味了。说到白斩鸭，我们或者顺着白斩鸡去联想，南京有些餐馆里偶可见到，却远不如白斩鸡在上海的地位，与盐水鸭、烤鸭的风靡相比，整个可以忽略不计。南京人常说"斩鸭子"，以我所知，多半是指到卤菜店里买鸭子这回事，不拘"斩"的是盐水鸭还是烤鸭，都是"斩"，如是买卤鹅、烧鹅，亦以"斩"论。鸡就另作别论了，因为过去卤菜店里的烧鸡都是囫囵买回家里，吃时自己下手撕的。"斩"是"砍断"的意思，也即是"剁"，连肉带骨头地下手才叫剁，去了骨的肉就叫"切"了，故去卤菜店买牛肉只能叫"切牛肉"。

过去留客吃饭要添个菜，或是晚上要喝点酒了，大人常支派小孩，"去斩点儿鸭子回来"。此外斩鸭子回家吃晚饭，也是夏天比较常见的选择——天热，做饭做菜是件痛苦的事。此外烤鸭、盐水鸭都是凉菜，坐在露天里下稀饭、泡饭，也正合适。

事实上被支派去斩鸭子的人得到的指令，常会伴以更明确的内容，比如"斩半只""斩个前脯""斩个后脯"。这信息最终当然是抵达店家那里，"斩个前脯"意谓"要个前脯"，这里的"斩"不仅是把你要的那部分从整体上斩下来，也包括将整鸭斩成可筷子夹起入口的块——他斩，不是你斩，这是再无疑问的，南京人把买的过程也合并在一个"斩"字里了。不大合乎逻辑，但老南京人口里出来，就别有一种味道，将"斩鸭子"说成"买鸭子"，其味大减。

所谓"前脯""后脯"，则涉及卤菜店里鸭的分解、售卖方式。烧鸡、烤鸡可以整只的买，也可买半只，鸭子体量大，卤好、烤好的通常有三斤多重，四分之一也买得。我小时没买过鸭子，却有好几次看一起玩的小孩被大人支派了去，不知"前脯""后脯"是个什么概念。一九七九年头次进京，父亲一老战友的儿子领我到前门烤鸭店吃烤鸭，八元钱一只，两元钱可以买四分之一，是片好了上来的。不知四分之一是怎么个分解法，又或北京人有无"前脯""后脯"之说。后来常去斩鸭子，当然也就了然。卤菜店里鸭子都是先将脖子和头斩去，鸭头一剖为二，脖子斩为寸把长的一截一截。而后从胸腔到屁股，一分为二。很少有人买整只鸭，除非要捎到外地去送人。本地人即使买整只，也要斩好了拿回去，故"斩"是必需的。

倘你要不了半只，"前脯""后脯"的概念就用得上了：半只鸭子再一分为二，前面靠脖子的部分为"前脯"，后面挨着屁股的部分为"后脯"。其间的划分并无明确的界线，后脯含着腿，前脯含着翅膀就行。据说广东人买烧鹅是唤作"前庄""后庄"的——鸭只两条腿，以翅充腿，说不大通。当然"前脯""后脯"也经不起推敲：广东人是参照四肢命名，南京人是拿躯干说事儿，"脯"是胸脯，说前半身也就罢了，后部只可谓"股"，与"脯"有何相干？

前脯、后脯在斩鸭人的刀下，可大可小，就看食客的要求了。但要定前脯后脯之后，搭什么却有一定之规，通常是前脯搭脖子或不搭，后脯搭半截脖子或鸭头。这样的搭售建立在对肉之多寡的判断之上，后脯肉厚，所以搭半个鸭头。听一朋友说，过去他买烧鹅，搭售的规矩是前脯搭脖子、头，后脯搭屁股。这个我觉得难以置信：屁股区区一小块，南京人斩鸭子都是称过重之后斩下扔掉的，粤人味有所嗜，将此物与脖子与头等量齐观？倒是听说过，老南京人有好鸭屁股那一口的，但卤菜店里有没有过专门斩下来用以搭售一说，却不得而知了。

精明的顾客买东西都要挑三拣四，而且会挑。到卤菜店"斩鸭子"也有讲究，不过简单得多，一是挑挑肥瘦，二是要"软边"的，而已。"软边"是相对于硬边：鸭子置案上从中间剖开，肉与软骨多的那半边称"软边"，另一半则为"硬边"。店家自会看出顾客的精明与否，往往不待开口，便举了剖开的半边鸭，示以切面，问其弃取。称好之后，则是真正的"斩"的环节了。这是个技术活，必须在那儿完成。你看他三下五除二麻利得很，匀匀地斩好了用刀一撮，整整齐齐码在盒里，浑不费事。有次过年单位里发了只盐水鸭，当然是整只，拿回家舞刀弄杖对付了半天，弄得不成样子。再上班时就有同事嚷嚷，说下回再不能发这个了——他不能面对的，也是"斩"的问题。

低配『文武鸭』

北京的烤鸭三吃究竟"三吃"为何，说法不一。现在流行的吃法，据说是鸭皮蘸糖，鸭肉卷饼，鸭架烧汤。过去，至少二十世纪七十年代末，在前门烤鸭店，皮与肉还是一起片，不分离的。再往前，民国年间，照梁实秋的说法，"三吃"指的是鸭皮鸭肉卷饼，鸭架炖汤，鸭油蒸鸡蛋——最后一项，更是近乎"闻所未闻"了。说起来一以贯之的，反倒是废物利用性质的鸭汤。

北京烤鸭在南京登场亮相已是九十年代的事，山西路菜场隔壁那家不是第一也属先锋部队。开业之初，火爆的程度，现在难以想象。某个周末的中午去尝鲜，店内已是坐满了人，更多的人在等着翻台。不像今天开在大型商场里的餐馆，有一溜椅子让人坐等叫号，食客都蜂拥入内，在就食者身后站等，有座的一边吃一边接受等位者的围观。服务员端菜上来得一路喊着，分开众人。翻台却一直在缓行，即使一吃二吃结束，鸭汤也且得熬一阵子。后来者固然在等，占得先机的吃了一半，也进入等的状态，此起彼伏地催问："汤好没好？""还没好啊？！"店家想了个招，来和食客商量：实在是来不及，能不能把鸭架带回去，回家自己炖汤？响应者甚众，我就是取了这个选项的。

于是就见许多人用塑料袋提着一副鸭架子从店里出来，那是"打包"一说还未出现时，我头一次看到很有点规模的"打包"场面。

回到家就照店家所授之法，鸭架加上大白菜炖将起来。梁实秋所谓"三吃"中的鸭油蒸鸡蛋羹，那油是烤时滴下的一碗，纯油，鸭架已是片去皮肉，照说不那么油了，但片皮片肉都是找连成大片处下手的，过后鸭架上仍沾皮挂肉，而鸭子也实在是肥，因烤时油已化为脂，炖汤也还是油气四溢。之前在北京吃烤鸭，我都不记得喝过汤，可见"三吃"最后的一吃，印象不深。梁实秋有言："馆子里的鸭架熬白菜，可能是预先煮好的大锅菜，稀汤洸水，索然寡味。会吃的人要把整个鸭架带回家里去煮。"那家烤鸭店可说是歪打正着，逼着我们做了一回"会吃的人"。

烤过的鸭子煨汤与老鸭煲不同，久炖之下，汤白、味浓、肉烂，鸭皮真是入口即化，关键是它有经烤带来的一份香。大白菜入内，可以解其油腻，后来试过用潮州酸菜，似汤更醇厚可口。

以潮州酸菜代替大白菜时，主角已经由北京烤鸭换作南京烤鸭。南京烤鸭的应用场景是卤菜店，当作冷荤的，没有"三吃"一说。但因那次意外煲了一回鸭架，印象大好，某次斩了鸭子回来，肉多的部分吃了，脖子等属筋头巴脑的，不耐烦剔啃，忽想到，这不就是斩过的鸭架吗？北京的鸭架烧得汤，南京的就烧不得？

从此一发不可收，成为吃卤菜店鸭子的常规处理。我斩鸭子的习惯，常是盐水鸭、烤鸭并举，各来一个前脯，有次照例烤鸭架炖汤，随手把盐水鸭吃剩的部分也扔进去，发现"1+1＞1"：汤因有了盐水鸭的加入，味道变得更醇厚。烤鸭鸭架炖汤富油香而稍嫌轻浮，盐水鸭清鲜而有一份沉着，可以有某种互补。与炖鸡汤、老鸭煲不同，烤鸭、盐水鸭都是经过处理入了味的（料酒、葱、姜、味精、花椒等一应俱全），没有那份本色的清鲜，不过味入汤中，也别成一调。还有一好处是无须调理，里面已是五味俱全，加了水煨炖便是。

这道汤相当之广谱，往里加过番茄、冬瓜、山药，都不违和。换作炖鸡汤，就须三思，生恐破坏其清纯。剩余物资，下得了手，原本味道经了几道，也兜得住。这里面最得我心的，当数山药，长时间地炖，山药软烂，淀粉入汤中，浓稠有膏腴感。

好长一段时间里，我因这项"发明"沾沾自喜，以为是独得之秘，还曾向熟人传授。直到前些天看到一美食短视频，介绍一道南京名菜，叫作"文武鸭"，才知道盐水鸭、烤鸭一起煨汤，早已有之。说"阴阳鸭"亦无不可，取烤鸭、盐水鸭各半只置砂锅中，二色分明，是为"文武"，加水煨炖一个半小时，另加火腿片吊鲜。馆子里的菜，自然讲究看相、仪式感，然和我在家炮制者，其理相同吧？

所以专利权是没份了。我以为可议的是，这汤菜应是以汤为主的，半只半只鸭下去，代价未免大了点。烤鸭、盐水鸭，有一条是食其嫩，长时间煨炖，"嫩"再不可得，软烂是必然的，虽然味道也不差，断不至于如同广东人鄙视的"汤渣",却总觉牺牲太大。"文武鸭"未能亲尝,餐馆里似也不大见得到,我还是安于我土法上马的低配版"文武鸭"吧。

不见『琵琶鸭』

南京的熟鸭市场算不得水深浪阔，南京人号为"大萝卜"，包容性极强，口味上亦如此。但到这里试水的外地风味的鸭子，也不是没有扑腾一阵之后终于溺毙的。比如有一种据说来自福建的"琵琶鸭"。别种鸭子，固然也有大红大紫过后，绚烂归于平淡者，比如啤酒鸭，但总还能偏安一隅，维持住零星的存在；"琵琶鸭"则消失得彻底，不留一点痕迹，偌大南京城，好像再找不出一家来。而且黄鹤一去无消息，因为当年未弄明底细，只知"琵琶鸭"之名，"物"既不存，这名也对不上号了，凭这三字而欲循名责实，难如无中生有。

"琵琶"二字与做法、口味无涉，乃是象形。我后来发现，号为"琵琶鸭"的太多了，凡将鸭从肚腹中间剖了向两边张开定形制作者，都喜欢这么叫，因其对称的形状颇似琵琶。南京的板鸭，亦名琵琶鸭，便是此理。我家附近菜场里还有一家，专卖"香酥琵琶鸭"，是将鸭子打开用夹子定其扁平的形状，上撒芝麻，挂在烤箱里转着烤。张开来就薄，烤得透，其酥入骨，不仅是皮，肉也带一缕焦香，吃的已不是它的嫩了。

我说的福建琵琶鸭应归在腌腊一类。其通体红艳照人，却不是像烤鸭那样因炙烤而生的油亮枣红色，要淡些，不知用了什么腌料。其油润不是浮在外面，像是从里面沁出来，以至鸭皮红得微微有些透明。腌腊制品均经过风干，不免干硬，通常吃时要再加工。湘西有名为"酱板鸭"者，风干既久，多处肉干缩到只余薄薄一层，吃前必须上锅久蒸。我说的这一味"琵琶鸭"则不同，它像卤菜那样买回就可上桌，当然是店家加工好了再卖的。经过腌制风干，其肉紧致，奇的是既有腌腊特有的一种香，较盐水鸭、烤鸭更有回味，却又不显得柴干而鲜香尽失，皮则如同咸肉中的肥肉，特别肥厚而另有一种咬劲。

所以它像是介乎腌腊与盐水鸭、酱鸭之间的一种中间状态，兼具二者的某些特点。贪这点新异，我那段时间总盯着它吃。让我为之抱不平的是，这"琵琶鸭"似乎不大受南京人待见。卤菜店你若是晚上七点来钟去，别种鸭子多已卖光了，至多是遗了一二前脯、后脯在那里；"琵琶鸭"则定能见到整只整只还在，好似说，还没卖到这儿呢。问是何故，站柜台的说，也许是嫌贵吧。也是，价格几乎是烤鸭、盐水鸭的一倍。"琵琶鸭"选的鸭体量大，腌制风干过后个头也比通常所见盐水鸭、烤鸭小不了多少，同在卤菜店里卖，顾客大概是将其与新鲜鸭的制品一列看待了。

但我以为更可能的原因还是人们对腌腊制品的兴趣在减退。南京板鸭大名鼎鼎，如今还有多少人在吃？总之，后来卖琵琶鸭的越来越少，终于我最常去的那一家也撤了。

徜徉南京街头，再无"琵琶鸭"。可惜。

啤酒烤鸭

有必要交代一下：这里说的是啤酒烤鸭，与四川人的啤酒鸭不是一回事：前者是烧烤，属于熟食类，后者则是现烧的热菜。以三杯鸡做参照：按照主流的配方，一杯酱油，一杯香油，一杯米酒，烧炖之际不用水（事实上，米酒若是"一杯"，那杯一定得是大于盛香油、酱油的杯）。啤酒鸭是川味，所用调料尽属川菜体质（比如一勺郫县豆瓣酱），但求同存异，会发现它跟三杯鸡一样，也是不用水，一罐啤酒下去替代水。

啤酒鸭当然是啤酒大普及以后兴起的。啤酒的出现似乎让好吃的人找到了一种加速肉类酥烂的烹饪办法。就味道而言，与黄酒、米酒不同（专供烧菜用的料酒可以视为稀释、矮化版的黄酒、米酒），啤酒滋味清浅，且似更易挥发，煮炖之际，一丝清苦已散去，有酒香而自身的存在隐于无形，与黄酒、米酒比起来，提鲜的作用不如，软化肉类组织的功效倒很明显。

在啤酒烤鸭这里，啤酒的使用则是在腌制的过程中。我头一次知道啤酒烤鸭是在法国人开的一家叫"欧尚"的大超市里。洋人开的超市，进货渠道有点特别，比如欧尚的进口葡萄酒多，甚至大型超市都有的熟食区，也和金润发、苏果有点差异。我经常奔那儿去，也是为猎奇的缘故，有一次就见到了啤酒烤鸭。它的来历我一直没弄明白，我在匈牙利吃过一种酱烤鸭，但欧洲人整吃鸭子的时候不多。法国人是"取其精华"的吃法，专取鸭脯炮制，着眼其大端，还是牛排那样"大块吃肉"的路数。

欧尚的啤酒烤鸭不知什么来路，但从挂在那里尚未分解的完型状态的鸭子判断，不像是"西餐"的流裔，口味上也比较中国。只是看上去又有点异样：鸭头是去掉的，秃秃的一截脖子杵在那儿，像排队遭遇了斩首行动。我在贵阳机场见到过当地的名吃"但家香酥鸭子"，也是斩了首的，做法是卤了之后再油炸，就颇可疑。

不管怎么说，欧尚的啤酒烤鸭称得上别有风味，与南派、北派的烤鸭都不同。贪那特别的滋味，只要到欧尚购物，我就会惦着去买上半只。可惜没多久，此味就从熟食柜台消失了。也没遗憾多久，因隔不多时，个体户的啤酒烤鸭就开始登场。大街小巷忽然间冒出了许多玻璃钢的燃气烤炉，看得见里面一圈鸭子伸长了脖子挂在架上缓缓转着烤，烤出的油在不住地滴下。

印象中，夺人眼球的炉具翻新，第一波是电烤箱，应和着一度风靡的电烤鸡。有一阵好像大家都喜新厌旧，不吃烧鸡，改吃"电烤鸡"（不说"烤鸡"，称"电烤鸡"，无形中有一种对"电"的强调）。其中有种"八珍香菇烤鸡"，号称上海传来的，最受欢迎。电烤箱是后来普及了的家用烤箱的放大版，从门那儿可以看到内部，烤架是横着的，鸡坯上下转动着烤。比起烤炉来体量大得多，立式的，全方位透明，明炉明档，更吸睛，也更具诱惑性。

我不能肯定这些烤炉中出来的鸭子一定就是欧尚啤酒烤鸭的后继者（虽然是一样的名目，口味上也有相通处），一则街头所见，都是连着头烤；二则欧尚的烤鸭体形硕大，街头的这一波，不约而同地都选用小麻鸭。售卖遵行的是卤菜店之外的另一种"体制"：烤鸭、盐水鸭都是分解了之后称重，啤酒烤鸭另搞一套，论只卖，或整只，或半只，半只十元钱，整只二十。其时好像还没有加盟店一说，那么多做啤酒烤鸭的，何以都选用两斤上下的小鸭子，论只卖不上秤称，还有近乎一致的价格，于我一直是个谜。

它的来历也是个谜。我后来有次游黄山，在屯溪见到街头有卖，顶着"香港啤酒烤鸭"的招牌。莫非是香港人的发明？并不是。后来在网上查到，是一位在全聚德历练过的淮安大师傅的创造，传统烤鸭的改良版。先要熬卤，啤酒就是熬卤时加入，总之是先腌浸后烘烤。词条上关于营养如何之类没要紧地说了一大堆，就是不告诉我啤酒起了啥作用。还有，干吗得选用两个月的仔鸭？

当然，几个疑点丝毫不妨害我吃得不亦乐乎。啤酒烤鸭因是浸在卤中多时后再烤，来得特别入味鲜香，张口就吃，无须任何蘸料。烤鸭、盐水鸭肉嫩，啤酒烤鸭肉也不老，却不是嫩，是入了味的酥软。我感兴趣的是皮：大凡烤物，皮都是往脆里去。北京烤鸭不用说，南京烤鸭、广式烧鸭也是以皮脆为高。广式烧鸭常以"脆皮"自许，南京烤鸭虽是要蘸卤吃，皮脆不脆，也还是鸭子分高下的重要标准。啤酒烤鸭则皮一点不脆，甚至几乎没有炙烤之下油脂融化皮与肉分离的倾向。另一方面它也不像卤制的盐水鸭、酱鸭，皮依然故我保持着"完型"的肥厚。也不知跟啤酒卤汁的浸泡有无关系，烤炙之后鸭皮有一种特别的黏韧，一点不觉肥腻，与肉一体，很是鲜香。或者因为鸭子小，比例上就皮多肉少，没有几处肉厚的地方，鸭皮就更有存在感。

有一阵，我隔三岔五就买回啤酒烤鸭，大有弃盐水鸭、烤鸭而去之势。大约吃上面喜新厌旧的倾向是普遍的，非我独有。一时之间，卖啤酒烤鸭的摊档都排起了队，稠人广众的街头不算，每家菜市场周边恐怕都有一两家。熟人间说到吃上，多半会问起：啤酒烤鸭吃过没有？

不能肯定这阵风持续了多少时间。当然，是一阵风，就会过去的。总已是好多年前了，又想吃吃啤酒烤鸭，发现啤酒烤鸭虽还有，却已经要费工夫寻寻觅觅了。好不容易豆菜桥菜场一带找到一家，真正是点缀性质的了。卷地风来忽吹散，望湖楼下水如天，南京鸭子的"天"终究是翻不了的，别种鸭子只管来来去去，盐水鸭、烤鸭这些基本款才是鸭都的"天"。恐怕南京人最在意的，还是鸭子的本味，最能突显本味者，还是盐水鸭、烤鸭。

啤酒烤鸭似乎也一直是单打独斗，没进入过卤菜店的序列。较能彰显鸭子本味的酱鸭，虽不是南京特产，好歹许多卤菜店里都有售，成为位居盐水鸭、烤鸭之后的一个常规选项，啤酒烤鸭则当备胎的命也没有，只能是南京人吃鸭史上的一段插曲了。

吃鸭及其他

中国人是最善吃的民族，中国人的"物尽其用"恐怕在吃上最能落到实处。比如吃鸭，举凡头、脖子、爪子、内脏，除了里面的骨头外面的毛，哪一样不在饭桌上派上用场？不光吃，关键是还能吃出名堂：鸭胰子专门处理，可做出一味色香俱全的"美人肝"；就像鸡爪子攀龙附凤，被唤作"凤爪"一样。

我在吃鸭一事上原是个保守主义者，缺少进取心，斩了盐水鸭或烤鸭回来，拣那肉多好下口、往往被美食家视为乏味处吃了，余下的边边角角即不耐烦慢剔细啃，皆以残渣余孽视之。全丢给别人像是过于自私，有时我也勉强啃几截脖子，但一边啃，一边不免毫无道理地抱怨鸭子，何不光长身子，偏要生出这些累赘。但我也只吃到鸭脖子，再往上就超过耐心的极限了。有一阵附近卖鸭子的忽然不搭鸭头了，据说是因为"白领丽人"时下兴吃这玩意。这对无耐心啃鸭头又无望加入白领丽人阵中之如我者流，可算一个小小的福音。可惜好景不长，过不久鸭头又出现了。不知是否因为形象猥琐，那张扁阔的嘴妨碍了它循鸡脚爪摇身变为凤爪的路径升为"凤头"，总之鸭头终未能像凤爪那样广泛地深入人心是显而易见的。我很觉遗憾。

有个朋友知道了我对鸭头的态度，大不以为然。吃鸭头岂是苦事？他言之凿凿地告我，鸭身上最有吃头者莫过于鸭头，要软有软，要硬有硬；脑子软，舌头硬，余则不软不硬。我对白领丽人吃鸭头的时髦一直无动于衷，经他一说却大觉惭愧，好像自己的吃鸭还在茹毛饮血的阶段。以后再吃鸭，便由颈脖而及于头部，发现只要不怕烦的话，的确是好吃，至少内容比鸡头丰富得多。只是吃着吃着，一个骷髅头出来了，有时会有一些不那么舒服的联想。有次在那善吃鸭的朋友家吃饭，有鸭，忽然有动于衷，对他道：都囫囵叫鸭头，那外面的部分其实是它的脸，你有没有觉得吃上面肉最多的那块就像是在啃它腮帮子？其时他夫人正在对付鸭头，闻言抛了筷子不悦道：不要讲！不要讲！恶心巴拉的，还吃不吃？！我赌咒发誓决无破坏她食欲的意思，而且也并非认真地对鸭子生出了"不忍"之心，说说罢了。

那朋友没有夫人那么多"妇人之仁"，把鸭头夹过去啃着，比较超然地问我：吃层层脆，你怎么没有觉得是在咬着一只耳朵？吃猪蹄，你是不是总是生动地联想你在啃猪的孤拐？我想了想，似乎一时也答不上来。

后来想想，吃猪而没有别扭的联想，可能是它已在肉联厂被解拆得零零碎碎，我们"目无全猪"的缘故。而吃动物的肉，最好是不要有那些度外的联想，孟夫子说"君子远庖厨"，原本就是让我们杜绝这一类联想的。

鸭血粉丝汤

　　近日我跟朋友为一问题争执不下：鸭血粉丝汤在南京小吃中属"古已有之"，还是后起之秀？

　　印象中并无什么地道的南京小吃，夫子庙好多饮食店里弄出金陵（或秦淮）小吃套餐，样数多至数十种，绝大多数我小时候没吃过，也没见过。这里面就包括鸭血粉丝汤。二十世纪六七十年代，饮食方面的革命亦堪称史无前例，安知后来冒出的诸多"金陵小吃"，不是"文革"前乃至解放前的老南京复活？

　　而且我长大的城西一带多为移民，考索此类问题，还是请教城南人为宜。朋友虽非"老南京"，原先家住白下，应该更有发言权，这也是我向他询问的缘故。他坚称小时候吃过，他们那一带就有。此话我不敢不信，又不敢全信。有道是孤证不立，遇年岁长于我的南京人，当继续我的田野调查，现在只好案而不断。

如此不务正业惦着这问题，乃因"鸭血粉丝汤"似已成南京小吃的招牌，我想不起其他哪一样，现在的名声更在其上。好多求学南京、毕业后异地工作的人，再回南京重温小吃旧梦，首先想起的，便是这个。而今在外地能够立住脚而又打出"金陵"招牌的南京小吃，即令不是独此一家，似也以此为最。近去苏州参加答辩，发现住处左近的十全街上，以鸭血粉丝汤相号召的，即不下三家。只是不知为何不说"金陵"，都标为"京陵"。

我之对朋友不敢全信，盖因自己知道有鸭血粉丝汤一说，乃在一九八五年以后，其先牛肉粉丝汤又或鸭血汤似都曾风行过一阵的。牛肉粉丝汤是牛肉汤放入粉丝煮，再加些干切牛肉片，极鲜；鸭血汤则就是清汤鸭血加葱花香油（有的会放些少鸭肠），别无他物，却自有它的一份清爽。不知何时鸭血与粉丝联起手来，又有诸多添加物，比如原先多见于回卤干的油豆腐，有几合一的意思。渐渐地就号令天下，那两样都渐渐地消踪匿迹，甚至风头甚劲的回卤干也慢慢式微。

头一次见到是在住处附近的早点摊，一吃难忘，其后便一顾再顾。那一家鸭肝是切好了的，特别的是鸭肠、油豆腐不用刀切，摊主使剪刀极麻利地剪碎了往里放，每每一边坐等，一边就呆看，印象极深。我不知道其时有无固定的店面在卖这一味，不过不觉间鸭血粉丝汤已呈遍地开花之势。路边小摊虽食者众却大多只限于早上那一阵，像上面提到的那一处，八九点钟管市容的就来催着收摊了，而且无牌无匾，或是一纸板竖那儿，"鸭血粉丝汤"与"豆浆""豆腐脑"等平起平坐，实未见出挑；由摊而店，情形就大不同，虽然大多并非专营这一样，却喜将"鸭血粉丝汤"于店名上表而出之。即至"回味"连锁店一开，非左近熟客，甚至根本没坐下吃过的外地人，也知南京有此一味，于是乎从粉头堆里跳出来了。

　　但我最中意者，倒不在四处可见的"回味"，而在无名的街头小摊，还有草场门的"满台香"。我猜最初的小摊并不"统一思想"，不仅口味，料的种类上恐亦小有不同，由摊而店，慢慢就趋于标准化。鸭肠、鸭肝、油豆腐，皆属必备，不过是口味的浓淡、搭配的比例不同而已。

依我之见，鸭血粉丝汤的好吃，相当程度即在口感上，像鸭肝鸭肠，好像唯有在珠江路"鸭鸭餐厅"的炒鸭杂里才算大放异彩，卤菜店里卤的或其他做法，都不甚可口，也少人问津。然在鸭血粉丝汤里则是物尽其用。不过是盐水煮了白切，味道上也无特别处，与粉丝、油豆腐、鸭血等物做一处，倒是口感上参差对照，软硬兼施，沾汤挂水，吸味的程度也不一，吃惯之后倒真觉得缺一不可。"满台香"里搭配得特别适宜，名气虽不及"回味"，我却更喜欢。美中不足是滥用胡椒粉，再就是最后都放上一撮芫荽——不知从何时起，这似乎也是题中应有了——我怀疑这是效法兰州拉面而来，为何不能是葱花呢？

　　我怀疑鸭血粉丝汤并非风从南京起，也与"满台香"有关。据说镇江一直在和南京争发明权，在镇江确也见鸭血粉丝汤遍地开花，吃风之盛，南京而外，别处少见。"满台香"前身叫"镇江锅盖面"，虽以卖各色面条为主，鸭血粉丝汤却是从那时起就有的。倘这小吃当真是源于镇江，南京便是以地界之大而在名声上占了上风，外地只见"金陵"，"镇江"则被隐去，极少见有叫"镇江鸭血粉丝汤"的。

鸭油烧饼

烧饼与油条一样，在中国相当"普世"，所谓地方性，只体现在细微处。鸭油烧饼却是南京独一份的，我不敢说别处一定就没有，不像在南京那样于烧饼界中自立门户、独树一帜，却可以断言。

所谓"自立门户"，倒不是说现今油条、烧饼已各自为政，烧饼店守着烧饼炉只做烧饼，油条店只管一锅滚油炸油条（捎带麻团等油炸食品），不像我小时所见的烧饼油条店，"焦不离孟，孟不离焦"一般二者并举——我是说和其他各类烧饼划下道来，似有直通鸭子店的特殊管道。

不少南京人的饮食记忆里，都会存着排队买鸭油烧饼的画面，我印象很深的一处，是湖南路上的韩复兴鸭子店。"韩复兴"是商业部核准的"中华老字号"百年老店，曾是金陵鸭业之冠，主打当然是盐水鸭，不道买烧饼的队伍比买鸭子的还来得长。也不难理解：鸭子是早卤好了的，鸭油烧饼得现烤，一炉售罄，要苦等下一拨出炉。卤菜店里卖烧饼，别种烧饼似未见有这样的待遇——也算得一景了。直到现在，鸭子店里卖烧饼，仍有遗风，"桂花鸭"连锁店大多有鸭油烧饼，鸭子是半夜进货，烧饼是早上送货。鸭油烧饼绝对不是盐水鸭的标配，二者"应用场景"不同，一口烧饼一块鸭子的吃法，绝对没有的。

鉴貌辨色，鸭油烧饼与别种烧饼并无差别。浙江丽水的缙云烧饼、湖北公安的锅盔长相奇特，有异于众；鸭油烧饼则是"泯然众人"的长相，根本无从分别。做法也与普通酥烧饼一般无二，左不过是以油和面，小葱点缀，高下的标准也是一样的：以层次分明，口感酥脆为上。特别处，或本质规定性，只有一条——用鸭油和面、做油酥。

南京人对鸭油烧饼一往情深，可以看作是深喜食鸭之"移情"作用的结果——不能称"移情"，因为鸭油出在鸭身上。既然对鸭子的食用几至"无所不用其极"

的程度（想想看，鸭子从头到脚、从里到外，除了鸭毛，哪样不能入馔？），南京人对鸭油弃之不顾，反而是不合情理的。

鸭油是动物脂肪，当然属广义的"荤油"。荤油比素油来得香，似乎是共识，至少过去是。牛油蛋糕，猪油年糕，鸡油饭，鸡油白鱼……很少有把鸭油拿出来说事儿的，除了鸭油烧饼。同为禽类，在家里做鸡，鸡腹腔内油黄的脂肪多半会留着熬油，鸭肚里白花花一片则很少享此待遇。事实上，即使在南京，从菜场买回光鸭自加炮制的情形就远少于买光鸡（菜场里活禽尚具合法性的年代，老母鸡、小公鸡现场宰杀、薅毛是一景，活鸭则少见），要吃鸭，多半是奔鸭子店、卤菜店。个中缘由，有一端，是鸭比鸡更多一点腥臊之气，须更大力度地遮盖、处理。

对别地的人，鸭子特有的一种味道甚至成了障碍，不要说对鸡鸭一视同仁，就是将鸭与鹅一例看待，也有难度。距南京不远，扬州人对鸭就颇为不屑，坚持让"老鹅"处于鄙视链的顶端。据说嘲笑南京人对鸭的酷嗜，有句奚落语，说是"把个小禽当大肉吃"。听上去像是笑话鸭子体量小，但排斥鸭子，主要还是不能接受它的异味。

这种异味，鸭油亦有之，是故鸭油大行其道之地，必是食鸭成风的所在。爱吃鸭而抗拒其独特的味道是难以想象的。"真爱"的前提，是对异味的重新定义，南京人有意无意间显然是将鸭的异味定义为一种异香了：爱吃鸭，恰恰是对其独特的味道情有独钟。一如"逐臭"的人以臭鳜鱼、臭豆腐、臭冬瓜等霉变发酵食物重新定义了"臭"，只是没有后者那么具有颠覆性。

南京号称"鸭都"，鸭油烧饼需要的天时地利与人和，一样不缺。我怀疑其诞生，多少有废物利用的性质：以遍布大街小巷的鸭子店，不拘盐水鸭、烤鸭，那么多的油往哪里去？鸭油烧饼，正是一大归宿。鸭油的获取有两个途径，一是肚里白花花连片的脂肪拿来熬，与熬猪油、鸡油一个路数。一是将烤制滴下的或卤制时煮出漂于其上的油搜集起来。不管哪种，做出来的烧饼不见得比别种酥烧饼更有层次更酥脆，鸭油特有的香却是独一份。

鸭子的出油，真是非其他禽类可比。我指的不是肚里的，而是烹饪过程里产生的。在家烧个鸭子，若是往软烂里焖烧，能烧出亮汪汪半锅油来（收缩的鸭块析出的油脂如此之多，让人怀疑是在炼油），做盐水鸭也是一样。有人说做烤鸭滴下的油或做盐水鸭漂浮的油不正宗，属下品，两种我都吃过，却辨不出所以然来，只知一个笼统的鸭油罢了。

因为别地少见，鸭油烧饼已然打上了"秦淮小吃"的戳记，然而若不加提示，外地人是否能吃出鸭油烧饼的妙处，吃出和一般酥烧饼的不同，我有几分怀疑，但南京人多半有以辨之。

如此这般强调鸭油烧饼的南京属性，不是没有过一点自我怀疑：合肥的"庐州鸭油烧饼"也是打出了地方旗号的。我给自己的理由是，那种烧饼是有肉馅的，宜以鲜肉烧饼视之。关键是，肉馅的存在有抢戏之嫌，鸭油特有的香味不突出了。还要补一句，南京的鸭油烧饼有咸、甜之分，以我之见，葱香油香不为所扰的咸鲜口，才是正脉。

都是『水货』

蟹

一

螃蟹，南方人北方人都吃。当然，是南方人先吃起来的。所谓"第一个吃螃蟹的人"虽无从考证，却必是南方人无疑。率先对无肠公子下口的人得有胆子，因其奇形怪状的模样，再加被俘时的张牙舞爪，委实是拒人千里的。直到宋代时，关中人仍有将螃蟹视为怪物者。沈括《梦溪笔谈》即记有一桩趣事，说乡人不识螃蟹，有人收得一只干蟹，逢左近有人得疟疾，便将此物借去，悬于门上，借以驱鬼——散布疟疾者称疟鬼，疟鬼见门上怪物狰狞可怖，便过其门而不入了。沈括甚至夸张地说，螃蟹在关中，"不但人不识，鬼亦不识也"。

南方对螃蟹自然见怪不怪，然"第一个吃螃蟹的人"要"前无古人"地将其视为可食之物，进而当作无上美味，却仍要有足够的勇气和想象力。此人是不是一位美食家，不去管他，照古书上的说法，南方民间食蟹之风的大盛，与口腹之乐的冲动没有一毛钱关系，其因由倒是螃蟹的泛滥成灾：南方多种稻，螃蟹正是毁稻伤田的好手，《元史》里有记载，这些家伙一度弄得稻不聊生，以至被形容为"蟹厄"："吴中蟹厄如蝗，平田皆满，稻谷荡尽，吴谚有蟹荒蟹乱之说，正谓此也。"故彼时的吃蟹之风大盛，其实是农人的愤而食，是一种泄愤之举，大有食肉寝皮的恨意。

然而以螃蟹味道的鲜美，以南方人口味上的偏嗜，即食之后，转恨为爱几乎是必然的。事实上螃蟹早已被视为美味，吃蟹的"事迹"，亦可称"史不绝书"，最远的记到西周，往后隋炀帝的酷嗜此味不用说，东晋名士毕卓"右手持酒杯，左手持蟹螯，拍浮酒船中，便足了一生"的豪语更是将吃蟹定格为一桩韵事了。而到宋代，在位于北方的汴梁，食蟹已成时尚。只是凡此种种，均限于宫廷或上层社会，平民百姓不与也。没准元时江南农人的愤而食蟹倒是吃蟹之风走向民间的转折点

（虽然食蟹既有悠久历史，江南又螃蟹遍地，要到那时才走入寻常百姓家，似乎有点说不过去）。

不管怎么说，江南人吃螃蟹较北方人更有传统，也更有底蕴，却是板上钉钉的事。同样是吃，态度上便有差异——前者将螃蟹视为无上美味，后者虽不是视同寻常，吃起来殊少一份隆重。这里说的是江南人而非泛泛的南方人，因江浙而外，其他地方吃螃蟹之风皆不如江浙之盛，也没那么讲究。单说螃蟹出现的场所，就可见出螃蟹在人们心目中的位置。几年前在南宁逛夜市，有条美食街迤逦一两里路，路两边一家挨一家的排档，别的倒也罢了，让我这江南人吃惊不小的是，许多摊档上居然一摞一摞码着个头不小的螃蟹，价格记不清了，反正便宜得可以。要知道在南京，螃蟹的价格早已奔着一斤一张百元钞而去，一度甚至卖到两百元一斤，小饭馆里不见踪影，大酒楼里也往往是一桌酒席的高潮，哪能这样跟猪头肉似的随随便便就吃将起来？又一回是在开会，会议的自助餐里好几回见到螃蟹，横七竖八堆在盆里，由人自取。出于好奇取了一个尝尝，不知何时蒸的，早凉了，有点腥——整个就当冷菜嘛。我知道摊档、自助餐上，都是本地的蟹，不要说大名鼎鼎的阳澄湖大闸蟹，就是南京高淳的固城湖螃蟹也比不了，但是，毕竟是螃蟹呀。

江南人吃螃蟹的郑重其事，"直面"螃蟹时的那份认真仔细就不用说了（北方人最喜笑话吃上面的南派风格："南派"的螺蛳壳里做道场的那份小气，最见于吃螃蟹时的兢兢业业。流传颇广的一则笑谈，说上海人坐火车去乌鲁木齐，上车伊始便开始吃一只蟹，直到下车才吃完），即在吃不着的节季里，对螃蟹也还是念兹在兹。不然何以要在不相干食物的命名上，牵出螃蟹来？上海有种出名的烧饼，唤作"蟹壳黄"，特别酥脆，圆形，说是出炉时皮色近于蒸熟的螃蟹的颜色，故名——味道、口感，与螃蟹八竿子打不着的，真是见"色"起意。另有一道很常见的菜，"蟹黄蛋"，则似乎有一点螃蟹的消息。其实就是炒鸡蛋，不过做法特别一点而已：鸡蛋磕破后并不在碗里将蛋清蛋黄搅匀，另将生姜切碎末，与适量的醋做一处，一如吃螃蟹的蘸料。鸡蛋入油锅划散了炒，再将备好的姜醋倒入，炒几下就行了。因不是搅匀的蛋液，炒出来黄是黄白是白，乍一看真有几分像蟹黄蟹肉，有人说吃起来味道也有几分近似，好像还有店家菜谱上写作"赛螃蟹"的。其实怎么能够？我说的那点"消息"，乃是从姜和醋里来，螃蟹都是蘸姜醋吃，虽北边人家亦如此（贾宝玉不是说"泼醋擂姜兴欲狂"），以至于姜醋在我们意识里也成为蟹味的一部分。这也就是吃不着螃蟹时聊寄相思罢了。

二

过去人的饮食中，时令季节的概念特分明，江南人既对螃蟹情有独钟，"秋风起，蟹脚痒"之时，吃顿螃蟹是必需的。穷也要设法吃上一回，否则这一年就似漏掉了一个重要节目。

一家人围桌吃蟹，应该是悠闲自在，其乐融融的时候。只是剔剥咂咂、乐在其中者，必不包括小男孩。倘一小男孩剔剥之间津津有味，以今天的话说，他就可称"奇葩"。吃螃蟹是要有一份好整以暇的闲情的，而闲情这东西求之于以疯玩为极乐之境的顽童，不啻缘木求鱼。我小时只喜吃肉，最烦吃鱼，而况螃蟹？

记得亲戚家有个年岁和我差不多的女孩，特别会吃鱼，好像四岁就不要大人帮着剔刺，而吃过的鱼骨头总是干干净净。可以想象的，在大人嘴里，从起先的吃鱼，到后来的吃螃蟹，她在相当长的时间里成为我的一个重要参照，用来衬托我的低能。在场时就不用说了，即使她并不在场，大人也会触景生情——当然是又在吃鱼虾螃蟹之类——地数落："你看看你吃成什么样子？——人家小芳……"这话耳朵都要听出茧了。此所以我对那亲戚来访或是我们往访持一种比较矛盾的态度：有个玩伴是好事，最烦的就是在一起吃饭。小芳受到夸奖之后总是有点因不好意思而来的矜持，另一面又像知道要好的女孩一样，吃得越发兢兢业业，一脸端凝的表情。幸好我的自我判断标准里基本没有吃的本领这一项，否则我的自信心早就被他们毁得所剩无几了。

我也实在是低能，鱼刺排列最是规整的带鱼吃起来也觉困难，鲫鱼之类更是视为畏途。类推下去，夸张地说，直到上中学，我之吃螃蟹，都是出于被逼无奈。每每吃了多时，还有一堆蟹脚在那里，让人心灰意懒，好歹大腿对付完了，你要将小腿混在蟹壳之中了事，大人还不依。老阿姨甚至会扒拉扒拉，瞪眼道：还有这么多都不要了？浪费啊！——只好坐下蔫头耷脑继续吃。

天底下大概没有比螃蟹更须打点起十二分精神对付的东西了。天知道怎么长成那样，明摆着不想让人吃嘛。比之猪牛羊们的慷慨大度，螃蟹可说是吝啬到家。像猪，满身的肉在你眼前晃荡，它倒好，那一点点肉藏着掖着的，仿佛都生在缝里。倘说水里游的小家伙才具可比性，那河虾也没像它那么拒人千里嘛，虽身材迷你，却也是剥出来便是肉；不像它，揭了盖还有那么些沟沟壑壑，腿、钳上好歹算是有点囫囵肉了，却又是那么硬的壳包裹着。而且，没有比吃螃蟹更事倍功半的了：你下的功夫与吃到肚里的东西，绝对不成正比。剔下来的一丝一缕，只够塞牙缝，所谓"到嘴不到肚"一语，简直就是为蟹而设。如此这般，任是如何美味，我也品不出来，只剩下一团焦躁。

但说我对螃蟹全无兴趣，也不见得。我感兴趣的是它生前的时候。只要不让我去买菜，菜场对我还是有吸引力的，这吸引力主要来自不大见到的活物，比如黄鳝，比如螃蟹。事实上菜场里的螃蟹没什么看头，因都是在网兜或蒲包里，基本上动弹不得，只看见腿脚钳子缓缓地动两下，再就是呆呆地吐泡泡。但我第一次看见螃蟹横行就是在菜场，应该是买卖时没留神，一只螃蟹忽然上演大逃亡，腿和钳子不知怎么动的，横着身就跑了，跑得还挺快。其时我应该还小，大人不放心留我一人在家才带到菜场。螃蟹快速横行的模样太滑稽了，我一面稀奇一面笑得上气不接下气。回到家向邻家的小孩学说，两人也横行了一把——顶多只能叫移动，快不了。

家里再有螃蟹时，我几度要求拿一只出来让它爬，均遭大人拒绝。最后趁大人不在时，我终于大着胆子打开蒲包弄出了一只，究竟是怎么弄出而又未引发蟹们的集体逃亡，记不清了。记得的是那只蟹下了地便横着一溜小跑，起初我还兴奋，过一会儿担心大人发现急着将它捉回时，才发现要捉拿归案大非易事：追上去蹲下身正待下手，它又跑了；或者它稍有停留，而我怕被夹住抖抖索索下不了手，犹豫间它再度跑走。这样几次蹲下站起地追踪之后，它已从厨房跑到院子里，后来竟没影了。那天我一直在闯祸的恐惶之中，幸运的是，螃蟹入锅时，大人居然没发现少了一只。虽然如此，随后的几天我仍然忐忑不安，唯恐那蟹再度出现。那只生死未卜的蟹甚至化为一场梦魇：在梦中它死死地夹住了我的手，怎么也甩不掉。奇异的是，梦中我好像能认出它就是我放跑了的那一只——虽然说不出任何特征，虽然现实中我对蟹们根本分不出张三李四。

后来在菜场，我再没见到过螃蟹逃亡的戏剧性场面，我耽看的是菜场的人将售出的螃蟹捆扎起来。螃蟹像鱼虾一样，可以挑，大小不用看，已是分好类的，通常个大就贵，观的是"色"：会看的人颠过来倒过去地看，不单看正面，还看反面，即看肚腹那一块，据说看上去斑斑癞癞的反而好，叫作"铁锈蟹"，特别肥美。

上秤称时都已用稻草扎成了一串。那是个技术活，卖蟹的都会，我看过几回，却是看不出所以，因有不敢下手令螃蟹逃逸的记忆，我对人能麻利地将蟹扎好又不为所伤，特别佩服。买下的蟹固然可以放在菜篮子里，印象中很多人都是拎在手里，还有挂在自行车上的，从车龙头上垂下一串。我还记得，当年的蟹都是一公一母搭着卖的，大多数人喜欢吃母蟹，贪吃那口黄，若不成对地卖，买的净是公蟹，那就亏了。螃蟹不施行一夫一妻制，没想到到了人这儿被乱点鸳鸯谱，虽说论"对"，也就限于买卖的那一刻。

买回来的螃蟹要洗，那时的螃蟹拖泥带水，洗起来尤其要大动干戈。好像都是拿废弃了的牙刷刷。蟹们的不肯配合是肯定的，那么多条钳子腿的，掰开了这条那条上来，烦人得很。所以很多人家都是两人配合，一个拉住腿或钳，另一个刷。两个大人弯腰攒头做手术似的，对付小小一只蟹，那场面委实有几分滑稽。这倒不是我看出来的，是大学时一北京同学说起他南来读书后在亲戚家见到洗蟹的情景，揶揄模仿一番之后发议论，操着一口京腔道："瞧人那点儿出息！"——不单是嘲笑南方人，俨然已是上升到对人类的鄙夷了。

且说洗过的螃蟹马上就得入锅，据说不洗则已，洗过的很快便会死。有的人家会将螃蟹重新捆扎之后再行蒸煮。我们家不，就那么下锅，螃蟹觉了烫便挣命，力气特别大，木头的锅盖根本不在话下，由着它非掀翻不可，得有一人用手揿着。我最喜欢干这活。若恰在厨房，必是主动请缨高喊："让我来，让我来！"冲过去极夸张地用力压着锅盖，隔着锅盖仿佛有无数的螃蟹在攒动，就听锅里面一阵骚动，尖利的爪在金属上刮擦，让人牙酸。但我仍坚守岗位，不多会儿就再听不到动静，只剩下水沸和蒸汽的声音。

螃蟹再次出现，已是地道的盘中餐，一种特别的红晕，从身上红到腿上，像是醉酒，因未加捆绑，张牙舞爪的，却是僵硬的，不复呆霸王的凶相。然而到这时，我对螃蟹的兴趣差不多也就戛然而止了。

三

　　我对螃蟹——作为美食——的麻木不仁持续到上高中。照说我应该早些开悟：虽然对且剥且剔且食的螃蟹不胜其烦，但毕竟吃蟹并非只此一途，还有其他"现成"的吃法嘛，比如蟹黄包，比如蟹粉豆腐。

　　这两样，剔剥之事都由人代劳，现拆下来的蟹黄蟹肉去点缀与升华别的吃食、菜肴。说"点缀"，盖以其掺入的量甚少，绝对的辅料（话说回来，要是西人的吃法，蟹肉抟作实打实的蟹饼，未免暴殄天物，太无趣了）。说"升华"，则因加入之后，随便哪一味，立马升格。蟹黄包与肉包、三丁包固然不可同时而语，蟹粉豆腐与寻常豆腐亦判然有别，单看价格，仿佛豆腐已不复豆腐。

　　蟹粉豆腐又称"蟹黄豆腐"，与"蟹黄包"一样，此处"蟹黄"是举其诱人者，不免以偏概全，事实上是蟹肉、蟹黄做一处，试想全用蟹黄，须得多少？（"蟹粉"应该是将螃蟹去壳取肉后再晾干碾碎而成，唯蟹黄蟹肉剔剥出来已是散碎之相。）蟹黄包是统称，凡包子馅入以蟹黄蟹肉者，不论多寡，不论形制，均以"蟹黄"相号召。食蟹的季节，江南大小城镇，无数的大酒楼小食肆皆打出这旗号来。所售有薄皮死面的汤包，亦有发面的，还有类如生煎者。其馅大多是与肉混合而成，蟹肉嵌于肉中，泯然一色，唯蟹黄一星半点，在食客眼中如宝石生辉。这里面唯淮安的文楼汤包与众不同，独成一格。也不必特别标出"蟹黄"二字了，它几乎就是蟹黄汤包的同义语——名副其实的"汤包"，我是说，号为"汤包"者，其他种种，是提示有汤汁及汤汁的足，文楼汤包则当真皮里就是一包汤，以至于无法站立，只能瘫在笼屉里。而汤汁里的固体物，只剩蟹肉蟹黄，因此地道的文楼汤包，"蟹"的存在是格外分明的。有些店家还要将这一点再加渲染，比如南京有家连锁的"苏亦铭汤包"，主打就是"文楼"式蟹黄汤包。狮子桥的那一家，堵着店门就见一群大妈大嫂在围桌剥蟹，桌上的盆里拆出的蟹肉蟹黄，入内先就有一阵甜腥的蟹味。不在后场操作，挡着道儿，于理不合，然换个角度，这也可说是活广告，或曰行为艺术了。

螃蟹的腥气极具渗透性，剥吃一回，手上的味道即使用肥皂或洗手液洗过也好像还逗留着。但蟹的鲜美又极娇嫩，既然蟹出现的场合都要唱主角，为保重点突出，与之搭配做菜的，自须清淡而具谦抑的品格。印象里吃过不少以蟹粉相号召的菜，前不久在哪家餐馆里领教的一道"蟹糊芦笋"，都像是一种实验，"蟹粉豆腐"才是经典的组合，豆腐与蟹，搭得很。豆腐本是吸味的东西，嫩豆腐与蟹肉蟹黄同烧，用调羹连汤带汁送入口中，鲜香伴着嫩滑，的确很妙。

但我这是把后话说在头里了：小时根本没吃过这些，或者偶食一回全无记忆。即使是不劳动手的"现成"螃蟹，我也是到很迟才发生兴趣，虽然在家里，这倒是常有的。

我父母在吃上面从未表现出浓厚的兴趣，母亲尤然。虽然到时候也会循例吃蟹，却很有"虚应故事"的意味，殊少别家围桌而食的那份津津有味，兴致盎然。进家门的蟹倒不少，大半是父亲的战友、老部下送的，一送就是一大堆。量既多，大人小孩又皆兴致不高，吃不掉就须另做处理。其实也只有一法，即是蒸熟了将蟹肉蟹黄拆下。这是摆不住的，便用荤油熬起来，像当时人家常备的冻猪油一样，大碗搁在碗橱里，到时候取用。

我母亲对我的耐不住性子吃蟹以及堪称粗鲁野蛮的吃蟹方式大加申斥，她自己因为并不觉得螃蟹有何妙处，也是没耐心的。但她倒不拒绝只剔剥而不吃，没准剔剥出那么一丝一缕的，到口中马上就化为无形，很不值，在碗里积少成多起来，最后竟能有一大碗，甚至两碗，会有一种成就感吧？她拆得又仔细，我粗枝大叶造成的浪费绝不会发生。故年年秋天吃过那顿循例的螃蟹之后的某个晚上，她会把自己关在厨房里，独自一人耐心地剔剥。深秋时分，夜晚已是寒气逼人，每每到睡觉时，透过厨房水汽弥蒙的窗户，看到她在昏黄的灯下还在剔剥，桌上堆着一堆蟹壳。

这实在是个双赢的局面：她获得了某种成就感，我被逼勒着与螃蟹们搏斗的烦劳解除了，日后还可以"不劳而获"地一饱口福。

熬好的蟹油通常也就是用来烧豆腐或包包子。烧豆腐时从碗里挑出一大块儿，化在里面就行了；包包子则和在肉馅里即可。家里所为，只会比餐馆里下的料更足，应该差不到哪儿吧？无奈我由"隔锅的饭香"发展起来的一种势利眼，对家里的饭菜总保持着某种不屑，这甚至祸及我们家的蟹黄豆腐和包子。当然，也不是全无道理。比如包子。家里的包子沿用的是老家的包法，那里包子叫作馒头，看上去也的确像馒头，因无脐无褶。我认定这模样"土"得很，无疑很可笑，但老家的包子都是菜肉馅儿，蟹油与菜肉馅儿结合起来，再舍得放，也有点煞风景了。

我忽然开窍，对家里的蟹油发生浓厚兴趣，有点偶然。是上高中学工的那段时间。那家工厂是两班倒，轮着上晚班时，十点多钟回到家，饥肠辘辘，大人已早早睡下了，只好自己倒腾点儿吃的。有一天炒饭，用蛋炒了，还觉意下未足，想在碗橱里搜出点什么有肉丝的剩菜，一无所获，倒从旮旯里搜出一碗蟹油来。聊胜于无吧，就弄了一块儿放下去炒在里面。没想到吃得齿颊留香，意犹未尽。以后接连几天，下了班，还在路上，我就惦着回到家要用蟹油炒饭。起先还是和鸡蛋同炒，后来便舍了鸡蛋，那样蟹油似更能独尽其妙。特别是哪天家里是纯用粳米烧的饭，那就更香。荤油熬的，自然是香，蟹肉蟹黄既经熬制，鲜度已是大减了，但仍有一种沉淀下来的鲜，在米粒中如散金碎玉。蟹油特有的那种油黄亦令人食指大动。我还用蟹油下过面，面条里放一调羹荤油，已是升格不少，放蟹油则又是一个境界了。

不过我最馋的仍是炒饭。在真正的吃家看来，这未免太小儿科，然而在领略螃蟹的好处上面，这道胡乱倒腾的蟹油炒饭对我实有启蒙之功。

四

虽属后知后觉，然一旦开悟，喜欢上以本色示人的清蒸螃蟹几乎是必然的，尽管我仍有烦言，吃的本领较原先也说不上有质的飞跃，仍是流于粗放。

越是鲜美之物，越是要食其本味，这大概是江南人在吃上面的一个原则。落实到螃蟹上，便是蒸，什么也不加就上锅，端的是"清水出芙蓉，天然去雕饰"。吃时用姜醋，说是螃蟹凉性大，姜醋是暖性。这也就是一说罢了，从味道的角度说，则这两样一者去腥，二者提鲜，尤其是醋，绝不喧宾夺主，反将蟹肉特有的鲜甜"和盘托出"。倘姜醋与蟹有"违和"之感，任是怎样"暖"，必也弃之不用了。

这些年川菜攻城略地，连带着"香辣蟹"在餐饮界也名声大振，南京有段时间有家名为"宋记香辣蟹"的馆子风头很劲，食客之间动辄以"去过没有"相问，它家当然不是专攻一味，却是仗香辣蟹打天下的架势。香辣蟹绝对是重口味，辣椒、花椒一起往上招呼，味道自然是浓而重。迨东南亚的菜肴进来，又有一味咖喱蟹，也颇受欢迎，可想而知，也是浓重一路的。然而这些都是以肉蟹烹制，也就是海里的螃蟹，从未听说过有大闸蟹如此吃法的。

事实上海里的螃蟹食其原味，也极鲜美，当然条件是要极新鲜。一九八一年夏天我骑车南下旅游，在舟山群岛盘桓数日，从渔港经过，无数的渔船泊在那里，一片咸腥的味道弥漫在空气中，颇有些游客直接到船上去买海鲜，我尾随着看新鲜，好些叫不出名的海货，也不知买什么是好，梭子蟹虽与大闸蟹身量体貌不同，总算是似曾相识吧，就买了俩，个头很大，却极便宜。拎着晃悠到街上，街边的小饭馆好多都写着"代客加工"，给个一角两角的加工费，店家就给蒸煮好，提供一碟作料，你就可以找张桌子坐下来吃了。浙江人是好喝黄酒的，店里就有"零拷"的黄酒卖，论碗。要一碗来，以螃蟹下酒，或曰酒就螃蟹，均无不可。海里的螃蟹那么吃，我好像只此一回，蟹肉鲜甜无比，两大个吃下来，爽啊。昔有"一人不饮酒"之说——以我之见，独自一人，最不宜的是吃螃蟹，那次是我唯一的一次独个儿对付蟹。傍晚，还没什么食客，店里有个喝茶的闲人，一看就是本地的，起先是坐另一张桌上和我搭讪，后来干脆就坐过来，对我吃蟹做了些指点之外，又扯些别的闲篇，当地方言，半懂不懂的，居然有来言有去语地继续下去，那顿蟹吃得倒也颇不寂寞。

我对那次吃蟹记忆犹新，倒也不是举以贬低香辣蟹、咖喱蟹之类，事实上那些我也都喜欢，尤其是咖喱蟹。只是包括常见的葱姜炒蟹在内，在江南人的概念里，较复杂烹制者与所谓"吃螃蟹"仿佛是两回事。前者只是一道菜而已，后者则仿佛自身就是一出戏，而且，得是大闸蟹，得是那样吃。大闸蟹的时令特征也使得"吃螃蟹"一事隆重起来：肉蟹四季皆有，大闸蟹则必得是"秋风起，蟹脚痒"之时，届时江南大大小小的城市，"阳澄湖大闸蟹""××湖大闸蟹"（在南京则为高淳的"固城湖大闸蟹"）的字样满目皆是——那才真正有一种吃蟹的氛围。

其实大闸蟹其他季节也不是没有，但江南人吃螃蟹是以膏蟹为目标的，这就须等到深秋才有了。所谓"膏蟹"就是卵巢饱满的母蟹，卵巢俗称蟹黄，江南人对蟹黄的情有独钟，从"蟹黄包""蟹黄豆腐"之类以偏概全的命名即已可见一斑了。肉蟹以食肉为主，膏蟹自然是以食黄为尚，母蟹比公蟹更受青睐，正是以此。

掀开母蟹的壳，但见中央的部分有红黄二色，酱黄者犹是粥样，橘红者色干硬，似鸭蛋黄，明艳照人。这都是"黄"，向来都是以干硬者为高的，我却好那粥样的，掰开壳来且不动手，凑上去猛吸一口，妙不可言。蟹黄其实是螃蟹的卵巢和腺体，既然称为"蟹黄"，蟹黄饱满的蟹不知为何不称"黄蟹"而称"膏蟹"。这很容易引起歧义，因我们通常都是将公蟹肚腹中对应于母蟹蟹黄的部分称为"膏"的。字典里说"膏"：指脂肪或很稠的糊状物——我觉得公蟹腹中精华很符合这定义。蒸熟后它呈半透明状，似胶冻，较蟹黄另有一种油润的鲜美，吃起来黏韧，不似蟹黄干硬部分的干涩。若要选择，我是弃黄就膏的。每在食蟹时座中有人因摊着公蟹嗒然若失，而我恰摊着母蟹之际，我都慷慨与人交换，并非高风亮节，各得其所嘛。而到了膏黄唻尽进入剥食蟹肉的环节，则公蟹的优势尽显，因公蟹个头大而肉丰。

后来才知道，公蟹所谓"膏"者并非油脂（说到膏就想到油脂，也不为无因，《三国》里董卓人神共愤被施以点天灯的酷刑，就说他肥胖异常，膏油烧得流了一地）。某次和一伙人吃饭，上了螃蟹的，席间亮出我的公蟹优越论，旁边的一位一脸促狭地笑问道，知道你好的那一口是什么吗？我不知，众人亦不晓，催他说。他卖了阵关子最后坏笑着说："是你们逼我说的哟——是精液！"座中两个女的立马攒眉蹙额，整个像是要吐了。我回家查了一下，应是公蟹精囊的精液和器官的集合。那哥们儿意在恶心人，所说倒也并非没影子。只是此类恶作剧，早先我可称"优为之"，免疫力极强，在这上面绝对持拒绝联想的理性主义态度，故对公蟹的兴趣丝毫未受影响。

不拘公蟹母蟹，通常吃起来似乎都是直达高潮的——我是说，都是先食其身，后食腿脚，而掀开壳来又必是先将蟹黄蟹膏吃掉，即使那些习惯将最好的一颗葡萄留到最后吃的人也概莫能外。腥与鲜有时是成正比的，越是鲜美者腥起来也格外地腥，往往是冷了就腥，与蟹肉相比，蟹黄蟹膏犹须趁热吃。吃螃蟹既然是慢工细活，吃到后来蟹已趋凉，有个吃家朋友每吃蟹便先行将钳、腿掰下留在锅中，由余热保着温，待食完蟹身再取而食之。这在餐馆里就不行：那里要讲究看相，总不能将螃蟹断其手足地端上来。

高潮过后必是归于平淡，专注于精华的蟹黄党往往很难体味"平平淡淡才是真"的境界，何况吃蟹黄蟹膏不麻烦，剔剥之烦恰恰在于对付蟹肉哩。这上面专门的工具也无济于事，就是说，还是烦。我在一朋友家里见识过"蟹八件"，镀银的，精巧漂亮，小锤小剪，还有许多掏、剔、撬的说不出名堂的玩意儿。铺陈开来，像是要整什么精密仪器，真吃起来就觉华而不实，还不如因陋就简，所以也就是展览贵族文化（像拍《红楼梦》里的蟹宴）时那么一用吧？即使在高档酒楼里也极少见到。吃蟹的人大多还是徒手操练。在家里则筷子捣捣、牙签掏掏，蟹爪拨拉拨拉，突破蟹钳蟹腿的硬壳，往往还是牙咬。古人的"把酒持螯"听起来好不潇洒，直似有"左牵黄，右擎苍"的气概了，但坐实了想，他怎么对付那蟹螯？持在手中当是未剥的，要维持住那份豪气，只能是当当道具吧？真要体味到妙处，还需坐下慢慢来。虽说仍缺乏耐心，我总算有过那么几次，超越宏观吃法，进入到小腿也加剔食的微观，回报是得以领略蟹肉在舌尖那种独一无二的细嫩鲜甜。

当然，蟹黄蟹膏怎么说也是精华所在，大闸蟹吃膏黄才算修成正果。平生吃蟹最美的一次，是学生送的。好像是从什么养殖中心弄来的，有一篓子。我喊了不止一拨朋友来吃。头天吃的最是鲜美，那些蟹个头不大，看着不起眼，剥开来却是满满当当的黄，异常饱满，仿佛身上全长这个了。而吃起来又特别地鲜而润，后来我吃到过个头大得多黄也饱满的蟹，却再无这样的味美，比起来，就像眼睛的大而无神。那日座中一人就着黄酒吃得心满意足，微醺中提出了一个相当人类自我中心主义的不近情理的要求或愿望："螃蟹，就该这么长啊！"

龙虾风暴

从"澳龙"说起

说到龙虾，南京人的第一反应极可能是别地人说的小龙虾，我说的当然也是这个。

但印象中最初刮起"风暴"来的，似乎是"澳龙"。"澳龙"乃"澳洲龙虾"之谓，既然"龙虾"之名在南京已有所属，原本当为正牌的只好退避三舍，另立名目。像这样反客为主，附庸而为大国的情形——我的意思是说，龙虾本为大牌，小龙虾想是因与龙虾相似而形体较小得名——别处似未见，这也就见得小龙虾在南京的地位之尊，声势之大了。

"澳龙"来袭南京，是在二十世纪九十年代初。原本酒席上是不大见到大龙虾的，不仅此也，"生猛海鲜"对地处内陆的南京而言，就是一个新概念。当然是拜交通渐行便利之赐——忽然间，"澳龙"就开始在大的餐馆里抢滩成功，印象里一时之间，上档次的晚宴，似乎已然到了无澳龙不成席的地步。彼时广告手段尚欠丰富，"大张旗鼓"起来，也不过是于酒楼门上悬起横幅，"澳龙风暴"便是横幅上最常见的字样。横幅多为红色的布，排笔刷的各色美术字，依稀有当年标语口号的余韵——当然大横幅上"澳龙"而"风暴"起来，足证已是"换了人间"。

上海路口刚立起来的随园大厦有家餐馆新开张，以"地利"之便，在大厦一侧垂下巨幅，上面画一只巨大的澳龙，写着"风暴"二字并辅以一夸张的大惊叹号，颇能耸动视听。餐馆之间的竞争，于"澳龙"也常在价格上，店家便常将价格表而出之，"惊爆""震撼"之余，有"每斤××元"来实证。一百元钱上下一斤大概是当时的基本价位吧？各餐馆便在九十至一百的区间内争夺价格高地。随园大厦那家的"风暴"刮到了跌破九十，似乎颇有吸引力了，事实上一般人看了仍自心惊，因其时工薪族的月入，三四百就算高的了。

"澳龙"已是席上极品的象征。中餐宴席的档次似乎都是以席上价最昂者来标明的，上不上大闸蟹往往是一道分水岭。至于鲍翅席之类，予生也晚，这些听也没听说过。"澳龙"当道之时，好像并没有称"澳龙席"的，不过上不上"澳龙"，有段时间里绝对是酒席上不上档次、上到怎样的档次的试金石。因在本地餐饮中属"新生事物"，较海参鱼翅更显身份，风头竟是一时无两。爱摆谱的人听说你要去吃席，问一声："有澳龙没有？"若回说没有，就要露出怜悯之色——那一席显然是不在话下了。至于味道如何，大约没多少人过问，也无从判断，因没几个人此前有过吃"刺身"的经历。

　　对绝大多数人而言，"澳龙"和三文鱼一样，差不多是伴随着"刺身"的概念一起进入的。我随人随口叫了好多年，有次在餐桌上忽琢磨起"刺身"是什么意思，在座的人都不明就里，瞎掰。往"刺青"上想吧，至少是"澳龙"，身上并无什么花纹，把筷子夹食的动作说成"刺"，似也说不通；说指其为生食的性质吧，分明又是"刺身"而非"刺生"。后来当然明白了——是从日语来的，日语里"刺身"就是生鱼片，引申开来，凡生食者，都叫作"刺身"。

我头次吃"刺身",就是"澳龙",当然是朋友请的客,做生意的朋友。好多人一道,也没问什么价。反正端上来就是睥睨其他菜的架势,服务员忙着给腾地方,转盘的桌子是无中心的,然而由不同一般的器皿盛着,切成薄片的虾肉码在蒙了塑料薄膜的碎冰上,一只硕大的虾头"栩栩如生"、触须昂然地立在一边,自然而然就是王者之相。

与"澳龙"相比,南京人通常所说的龙虾,其时应该还在"曳尾泥涂",境遇有天壤之别。不是说过去不吃这个,是说龙虾其时尚在"上不得台面"的阶段,上档次的餐馆里,绝对不见踪影,小饭馆里也就是聊备一格的性质,因为卖不出价。谁能想到后来居然在南京餐饮界搅得风生水起,且声名远播京沪,成了偌大的气候?

传言种种

后来南京人对龙虾的疯狂,追溯起来也算是"其来有自":小龙虾不远万里来落户,据说南京乃是它在中国的第一站。就是说,这家伙并非土著,地道的移民。祖籍嘛，据考证是现而今美利坚合众国的路易斯安那。西方文明的东渐，日本很大程度上充当了中转站的角色，未料与文明不沾边的龙虾，居然也是以日本为跳板。龙虾如何从美利坚乘船到日本岛，暂且不论，从日本到南京，说法就多了，民间流传着各种版本。

流传最广的一种说法倒是后来的，因有网络之助，一段时间里差不多已经是众所周知。说，"二战"时期驻中国的日军生化部队要处理大量尸体，用焚尸炉火化，能源消耗太大，如采取初级火化再分解排放，则会造成周围水体的毒化，日本人于是想到当时日本国内随处可见的克氏原螯虾。据说这虾专食腐物，越脏越污染的地方越能活，繁殖力还特强，经基因改造，抗毒的能力更变为超强。日本人于是将其大批运往中国，令其担当清洁水体的工作，即是说，这种虾将水中毒素吸附于一身，换来了水的卫生。可想而知，这样饱含毒素的虾们对人体的害处之大。所以，这玩意儿日本人自己是不吃的。此点也构成了发现"黑幕"者质疑龙虾的逻辑起点：为什么日本人自己不吃？！

当然很快就有人出来辟谣，以科学的理据证明此说纯属杜撰。我不知道科普文章是否打消了国人对龙虾有毒的疑虑——其实，在龙虾问题上，也不是以科学常识来正本清源这么简单，既然事涉日本人的险恶居心——后来又有食龙虾中毒的事情发生，有关部门，特别是输出龙虾的地区的专家来为龙虾做担保，也还遇到过质疑：安知专家不是"拿人钱财，替人消灾"，睁着眼振振有词说瞎话？以目下专家学者公信力的惨不忍睹，如此疑虑重重，不为无因。反正我在网上看到的关于日本人阴谋论的帖子远比科普文章引起更大规模的围观；对龙虾令人恐惧的毒性的渲染，也远比有关部门的澄清传播得更广。但是龙虾风暴短暂受挫之后，复又越刮越猛。尽管照有些网站的舆论，拒吃龙虾几乎已上升到"抗日"的高度，可大多数人还是照吃不误。事实胜于雄辩，最有说服力的是，就算有中毒事件发生，那也是绝对的小概率事件。而且关键是，也没听说吃死人嘛。

　　网上的东西，是复制时代的传播方式，帖子转来转去，也算是有"白纸黑字"为凭的，基本上不走样。当年关于龙虾的传说，则没有标准版本，更多即兴的成分。我猜测其流传大概集中在南京一地——龙虾跟着日本人的船来到南京，最初也就在南京城周边的一些地方落户、繁殖，南京曾遭屠城之祸，南京人的恐怖记忆以及对日本人的仇恨，又非别地可比，将龙虾之来归为日本人的阴谋，并不意外。口口相传，众说纷纭，基本内核还是龙虾存于污泥浊水且以腐污之物为食而来的那份毒性：小日本是存心要引它来害人的，就像英国人把鸦片卖给中国人一样没安好心。

比如有一种说法，姑且名之为"毁坏稻田"说，是我一个同事在席上说起的。算是拼凑出来的吧？——前面的部分听上去比较"科学"，说日本人的龙虾他们自己不吃，是用来清洁水体的，待说到运到中国的别有用意，则变得相当卡通化：龙虾可在稻田生长，日本人就任其在稻田中繁殖。龙虾对稻米感兴趣，用那对大钳子一夹，就将稻秆夹断，于是便可吃到米了，就是说，是来破坏庄稼的——听上去不大靠谱，那同事却不是玩笑的神情，说得有鼻子有眼。其时我们正在吃龙虾，有人便道：看不出来，这龙虾倒还挺聪明。

至于人吃了龙虾会怎样，自有各种的想象。没有权威来证实种种的说法，也没有人来证伪，但是不少人都不那么认真地信着，在老人的口中，则像一段可怕却无须证明的传说。

我肯定从老阿姨的口中听到过，并且以她特有的演绎方式，应该还有一些匪夷所思的细节，只是都模糊了。只记得讲述的缘起，是我从哪儿弄了只龙虾来玩，被勒令扔掉，说日本人如何如何坏，龙虾如何如何脏。比较清晰一点的是隔壁一玩伴告诉我的说法，却是不知从何说起的，清楚记得的是他形容龙虾拿大钳子夹人时，眼睛瞪好大倒抽凉气的夸张表情，"夹住就不放，疼得能让人昏过去"，他说。我似乎于想象中感到了被夹的痛，巨疼。他像透露一个重大秘密似的悄声说，知道吧？龙虾是日本人弄来的——"就是弄来夹人的"。

这个版本太搞笑了，但我当时肯定是信了，龙虾猥琐的形象、日本人，还有他讲述时的神情，都让我信之不疑。当然，还因为其时我大概六七岁。此说的源头已无从溯，几十年后我向他询问来历，他说应是从父母处听来，回去求证，老人都不认账，遂成无头案。我推断没准是他听过日本阴谋说的故事，只得梗概，附之以自己的孩童想象，夹人说显然要比食物中毒的描述来得鲜明生动得多。也许大人是说过，只不过是为了让小儿远离那脏东西，就"旧说"做有针对性的引申，自然是说过就忘——也可视为"龙虾阴谋说"的少儿版。

将信将疑之中流传的，不可不信，不可全信，没有谁去寻根究底，仿佛也不必弄到水落石出，传说之为传说，大抵也就是这样。

出身低贱

尽管"日本人阴谋说"对人们远离龙虾大概有推波助澜之效，我还是相信，相当长的时间里，南京人对龙虾不仅不视为美味，且有厌憎之意，主要还是因为它的贱。以南京人今日对龙虾的疯狂，以龙虾节节攀高的价格，似乎很难想象，当年在南京，这玩意儿根本就无人问津，连充当正经菜肴的资格都没有。我小时候，龙虾的确没人吃。按说食物匮乏的年代，最有扩大食谱的动力，荤食如此稀缺，龙虾被罗掘出来，才是顺理成章之事，而它竟能逍遥于食谱之外，真是让人费解。我印象中家境较好的人家固然不食，即使窘到一天两顿干都不能维持的，也还是不吃，餐馆里做龙虾更是闻所未闻。于此我们只能感叹观念的力量：若不是对龙虾的傲慢与偏见根深蒂固（人皆认其为脏与贱的化身，还有传说中的毒性），美味当前，如何能把持得住？

凭什么说龙虾贱呢？有一端大约应由它自己负责。

人的社会里有"势利眼","势利眼"往往以貌取人，人之"貌"又常常关及衣帽，龙虾不着寸缕，问题一定就出在那身胄甲上。我以为龙虾是虾类当中生得最丑陋的，得名"小龙虾"，当是与海里的正牌龙虾一样有一身硬壳，然在后者那里或见出威武，它披在身上却并不生色。

衣冠之外，居住环境也很重要，龙虾"看相"不好，与它出没于污泥浊水之中大有关系，相比起来其他的虾类不论在池塘在江湖，都像是居于"高尚社区"。不仅此也，龙虾在我们眼中的"出镜"对它也大大不利。中国人对水产品"鲜"的偏嗜都是往"活"里去追求，不似西方人于鱼虾的保鲜似乎冰冻即足矣。海鲜无法可想，淡水鱼虾则都是水箱里养着的，其他的虾类在水箱里活络身子，悠然游动，很有几分优雅；唯独龙虾，因是水陆两栖，无须水养，故在市场上都是放在大盆子里卖，就见黑压压一片，你踩着我，我压着你，蠢笨缓慢地爬动着。看到"猥琐"二字，我会不期然地联想到龙虾，至于将它在大盆中的挤作一团、互相践踏说成"蝇营狗苟"，更属"欲加之罪"的性质。

当然这些都是后来的悬想与"追认"，事实上几十年前菜市场里不大见到有龙虾卖——既然众皆不食，它也就不成其为国营菜场的经营项目。有之，则是在"自由市场"。

所谓"自由市场"，其实不过是农贸市场在那时的别称，游动小贩的聚集地而已。曾经在特定时代，至少在正经场合，"自由"似乎成了个贬义词，"自由市场"因此也是个可疑的场所。我记得原先延安电影院那一带有过一个"摊贩市场"，许多卖二手电子元器件的人聚在那儿，有固定的摊位。而"自由市场"却肯定是非法性质，多半是在城乡接合部某个大概的位置，花遮柳隐地做买卖。如此这般，当然不可能"规模经营"。卖龙虾的都是一只篮子里装着，遇险情提起来即可上演大逃亡。

龙虾的"原生态"

龙虾何时进的城，已不可考——此处所说，不是说城里有卖，是说龙虾到城里居住下来——反正我小时在水塘小沟里是可以见到的。彼时城里、城外比现在有更明确的划分，"城"就是"市"，虽然"大跃进"的年代，城墙的某些部分被拆除，且在接下来的时间里，因依傍城墙的违章搭建愈演愈烈，"城"的轮廓日渐模糊。南京人的意识里，"城"的概念却依然存在，牢不可破：城墙以外，就是"乡下"。但南京城和彼时中国的许多其他大城市一样，亦城亦乡，若是往浪漫里渲染，你可以说城里也是一派田园风光。

　　稍稍离开市中心，即可见到一块一块的菜地，我的同学中就有家里是菜农的，大片的菜地即是他们所种。房前屋后、道路两旁，小块小块的，则是各家各户擅自开出的自留地。上学去的路上，青菜、苋菜、大蒜、蚕豆，还有竹篱矮墙上攀着的丝瓜，络绎眼中，或长势喜人，或形容枯槁，空气里还时而飘过一阵粪肥的味道。当然是往地里施的肥，不过这异味还有其他来源，比如按时出现的粪车，不少人家还用着马桶，粪车的摇铃一响，那一带便有人纷纷出来倒马桶。粪车行于道上，似乎很难做到涓滴不漏，于是马路上便时可见到黄澄澄的车辙印。沿着这轨迹，发现马粪驴粪的可能性也不小，或保持着坠地时的完整形状，甚至还冒着热气，或已着车轮碾压，成为一摊——粪车与另一种保证城市卫生的垃圾车多半还是驴马拖拉，粪蛋蛋当然是它们所遗。

你得承认，所谓田园味道若不是指情调，坐实在味道上，人畜粪便便应视为"田园"的一部分。在我的印象中，还有一样，于粪便的气味中独成一格，便是鸡屎。有意思的是，关于农村的自留地经常有争议，城里种菜养鸡之类的小农经济却是法所不禁。很多人家都养鸡，有院的在院里某个角落搭个窝，没院的到晚上就捉回家里。白天鸡们就在外面溜达，胆子大的可以横穿马路走到街对面去。马路上车辆少，故鸡们遭遇交通事故的事情甚少发生，它们甚至可以在大马路中间从容大小便。鸡主们隔了大街"咯咯咯"高声地唤，或赶过来驱回，不是因为怕车碾着，是担心跑没了，或是被居心不良的人捉走。那态度有几分像对不听话的小孩，少不得要斥骂几句，气狠了说不定还会撵在后面打，嘴里道："叫你乱跑！我让你乱跑！"

要到什么卫生检查之类，居委会才会来挨家挨户地下通知，让把鸡看好，不许外出。风声最紧的时候，会传达上级的指令，说鸡要限时全部杀掉，自己不动手，会有人强制性地替你杀。届时不免鸡飞狗跳，杀鸡令执法者与个别养鸡钉子户的冲突时有发生，争吵中间或还伴以诸如"你是党员，应该比群众觉悟高……不要拖群众的后腿"式的说服教育。但这限于非常时期，整个二十世纪七十年代，大体上讲，南京城里的养鸡业还是欣欣向荣。

我不认为说上面这些属跑题性质——龙虾在这样的环境、氛围里生存才是顺理成章的，试想今日高楼林立，玻璃幕墙闪烁的背景下，冒出原生态的龙虾来，岂不突兀？只是田园风光都还属大环境的范畴，龙虾要成为南京城里的居民，还得有适宜的小环境，也就是泥淖、臭水沟之类的地方。"幸运"的是，当年的南京，这些并不稀罕。我就记得一条几乎穿城而过的臭水沟，不知源自何处，反正是自东向西，迤逦而来，不同地段有不同的命名，珠江路以东，时而地上时而地下，过了珠江路也即出了中心地带，就一概是敞开式，起初还在背人的小巷干河沿里淌着，过上海路口，便一直傍着广州路流，沿着大马路直到乌龙潭。一米来宽的泥沟，污泥浊水，掺和了些乱扔的杂物在里面，发黑的污泥还会呈絮状，在浅浅的流水里摇曳。气味自然不好闻，过段时间，会有搞环卫的来清淤，着高筒胶靴站进去一锹一锹挖出淤泥，沿着沟沿一路垛过去，恶臭顿时加倍，直到被太阳晒成干硬的泥块。

我看到"家居"生活中的龙虾（上了市场的已经过初步的清洗，应算是"出客"的状态）就是在沟里。后来听大学同学描述农村生活的趣事，苏北的同学似乎都有钓龙虾的经历。说钓龙虾最是省事，无须特别的钓具，随便弄根棍系根绳，上面拴点吃的到田里沟里垂着，龙虾自会上来，大钳子夹上来，怎么着都不放松——被钓而如此肯于配合者，恐怕无过于龙虾了。在沟边倒没见人钓过，只见过小孩伸手去捉，有次还见挖淤泥的人弄出龙虾来，泥里来泥里去，而且是那样散发着恶臭的污泥糊弄得一身，真是脏。

以那样的看相，要将其视为餐桌上的美味，确乎要有一定的想象力。那次我和其他几个围观的小孩各讨了一只龙虾回家，并不是要吃它，是当玩具。虽然我因此受到老阿姨的呵斥，对龙虾表示宽容的大人还是有的，他们会花几分钱买一只龙虾，而在我们的心目中，这也就相当于今日孩子的宠物。

未免有情

我第一次吃龙虾已是二十世纪九十年代初的事，这上面肯定属于后知后觉，为此也曾让少数先行者讥笑过——或因有些地方食谱上早就有，或因荤食严重短缺冒险开发新资源，私人行为的吃龙虾一直是存在的。不过从统计学的观点看，我也不能算是落后分子，因其时龙虾的风暴尚未刮起，甚至连"风乍起"也说不上。

这时菜市场里的水产档口，龙虾已是作为一个品种出现了，不过餐馆里还是少见。有个好吃的朋友，父母是四川人，原先家里虽也颇重食事，因无传统，在南京数十年，从未问津龙虾（四川无龙虾，川人也不吃）。不知怎么得了风气之先，惦记上龙虾了。彼时学校的青年教师都住筒子楼，真正的蜗居，一间房间，卧室、客厅、餐厅、书房全部要兼到，空间逼仄到行动不便。就这样也挡不住她吃的热情，时不时地大操大办，招上一帮人同吃。筒子楼风光，特点之一是其"公开性"，厨房是四家共用，水房则一层楼里只有两处，你吃点什么，邻人都会看在眼里，倘整得动静大，那便整个楼道"众所周知"。那朋友好热闹，干什么都动静来得个大，吃龙虾亦如此。话说回来，伺弄龙虾，与整别的菜相比，也确实容易弄成"大操大办"的局面。

首先清洗就要大动干戈。因为六人同食，又号称

"龙虾专场"，她买回来一大堆，两只篮子盛着，由一帮手相助，先在水房里将水龙头拧到最大，铆足了劲长时间地冲。而后一只一只用牙刷使劲刷。我们坐在走廊尽头的房间里聊天，门敞着，就听那边水哗哗地响，不时到水房淘米洗菜的人询问龙虾能吃吗，怎么洗、怎么烧之类的问题——足见吃龙虾还挺稀罕。这后面还有剪头、去鳃、抽筋、开背一大堆事，等到烧煮的浓重香味传来，众人已是饥肠辘辘，急不可待。

　　不知我的一举建立起对龙虾的好感，是不是与充分的情绪酝酿有关。吃而能得趣，的确要有合适的氛围，虽然不一定是"空乏其身"的漫长等待。吃龙虾与吃基围虾、河虾、对虾都不同，或者与龙虾的"草根"性有因果关系，最宜随意而热闹。倘吃虾中也有"大碗喝酒，大块吃肉"的境界，那就是吃龙虾的时候。量足是一个条件，若每人只摊上一只两只，则不能过瘾；若有许多别的菜，龙虾只是聊备一格的点缀，那也很难尽兴。那天是"专场"，啤酒之外，其他都是配角，吃到最后每人面前高高一堆虾壳，在桌上连成一片，稍不留神，筷子就要到壳下去寻找。其满足自不待言。

　　食当其时也甚要紧。那次是大夏天，正是龙虾脑满肠肥的时节——肠肥不肥其实不相干，都要抽去，脑满与不满却是干系重大。后来我发现，龙虾之非别种虾可以替代，很大程度上即在那一脑壳子黄。从今人人体审美倾向于小头长身的角度看，龙虾最是比例失调，大大的脑壳尽显蠢相，每让我想起南京人笑话人说的"大头呆子"，只有从美食的角度，大大的头部才有其合理性。那天主人不知怎么拾掇的，头部剪一下，摘去了不能吃的"垃圾袋"，鳃亦剪去，唯余虾黄，烧煮过后，黄却一点不曾流失，抓起一只，先不去剥壳，对着头部开口处猛吸一口，即是饱饱的一嘴。固然难比蟹黄的鲜美，但也有它的香，且来得便当，且虾头是最入味之处，诸味与虾黄调和，吸入口中，与蟹黄蘸着姜醋的温文相比，别是一调。此前不是没有吃过龙虾，然过去对原本吃起来颇费周折的鱼虾均视为隔教，且都是浅尝辄止的性质，故难得其妙。此次大吃特吃，印象深刻，视为我吃龙虾的启蒙一课，也算不得夸张。

但是此后很长一段时间，于龙虾却并未大开吃戒，原因是家里无人会弄，想起洗弄时繁复的手续，又视为畏途；另一方面，馆子里虽间或已能见到，以当时的工资，以及公款吃喝之风的尚未大盛，吃在外面的时候也不多。如此这般，龙虾大体上已成美好记忆，直到后来终于轮到分得一套单元房。

单元房与吃龙虾并无关系，有关系的是我们请了一个钟点工。我母亲来过这新家几趟，对这位阿姨颇为不满，因她干事马虎不卖力，打扫过后的房间边边角角仍是灰，关键是，她还画眉毛，有次还带了只宠物狗来——"这哪是干活的样子？"我母亲就此得出结论："钟点工还是要请农村的，城里当工人的不行。"那位阿姨是工艺雕刻厂的下岗工人，跟我说过，她过去在厂里的活都是描花瓶那样的。

不能说我母亲说的没道理，不过我的要求不高，尤其想到重新找人的麻烦，就更能将就。又一条，是某次有乡下亲戚送来一大筐龙虾，我意外地发现，她烧这个竟是一把好手。请她来原本是为打扫卫生，只是特殊情况下才会让她下厨。我发现她的厨艺极不均衡，炒素菜、烧鱼，她能烧得一塌糊涂没个形，难吃无比；但是真的，烧龙虾她能烧得喷喷香，而且与做别事相比，手脚会变得异乎寻常地麻利。

用人当用其所长吧？也不是有意为之，自然而然地，隔三岔五就会买上一堆龙虾让她烧。她好像也乐得如此，虽然伺弄龙虾在我看来是较扫地抹桌更繁难的事，但显然干这个更能让她有成就感。隔得时间稍长，她还会主动暗示："有日子没买龙虾了嘛。"后来我们干脆将买虾的重任委之于她，关于该怎样挑虾，软壳虾如何肉多等，她有好些理论。结果是她常常没时间打扫卫生，想要她"加班"，但她下面还要做另一家。所以大吃龙虾之余，我们经常得面对脏乱的房间。就这样也好景不长：夏天尚未过去，她们厂子里突然接到一单活，临时将熟练工都招回去，我美妙的坐在家中赤膊大啖龙虾喝冰啤酒的日子遂告一段落。

"盱眙"登场

其实我大吃龙虾之时，"风暴"已在酝酿。不知从何时起，餐馆里的龙虾开始打出"盱眙"的旗号。外地人大约没几个知道苏北有这么个地方，南京人知道也没多少人对得上号，因为多不晓口中的"盱眙"，写出字来是这样。古汉语里"盱眙"是张目远望的意思，怎么会挑了这么个动词做地名？也是怪事一桩。我知道这地方则是因为"文革"之前就有一拨名牌中学的学生放弃高考到那里当农民，被省里树为典型，号为"七十二贤"，后来有个知青农场也很有名。中学的某个暑假，我们一帮学生干部联系了到那儿取经，在那儿住了一星期，不要说没人请吃龙虾，听也没听说过，虽说算起来正是当令。我只记得农场里种薄荷，使老大的锅煮，整天鼻子上像是都粘着那味道。谁会想到几十年后那地方会与龙虾捆绑到一起，以至于龙虾成为人们提起"盱眙"的第一联想？

我小时在"自由市场"上看到的龙虾，肯定不是从盱眙来的——以当时的交通条件，那样长途贩运，等于明目张胆地"搞资本主义"——周边的农民小打小闹而已。然时推势移，吃龙虾之风要能在几百万人的南京城刮起来，本地的那点资源，肯定不够。于是号称产自洪泽湖的"盱眙龙虾"大举入侵。只是依我之见，"盱眙"之于南京吃龙虾之风大兴的贡献，吃法的输出也是一端。过去南京人吃龙虾，也许并无一定之规（有餐馆经营，才有吃法的标准化，各凭己意在家里鼓捣，自难一律），有一条却似不成文法：下锅之前，一定抽去泥肠剪去鳃，摘去头上的胃（南京人习惯称"垃圾袋"）。"盱眙龙虾"则采取一种相当偷懒的吃法，入锅之前近乎"不作为"：不去腮、不抽肠，不掀开头盖摘胃。总之，就像吃盐水河虾一般，洗了之后就下锅。

过去伺弄龙虾手续较他种虾的手续复杂得多，我想一个重要的原因是忌惮它的脏。故尔"盱眙龙虾"袭来之初，南京人是颇觉可疑的，尤其是发现连泥肠也不抽去——这不要吃出病来吗？很有一些人畏葸不前，或是吃得犹犹豫豫。然而吃了并没死人（南京人劝人放胆吃或不净或有其他风险的食物，常以"吃不死人"相劝，听上去像是可吃不可吃要以"死"为度），尽管有人跑肚拉稀怀疑到"盱眙龙虾"头上，谨慎之念还是敌不过好吃之心，因为"盱眙龙虾"确有过人之处，且它的好处又与"不作为"相关。

后来我无师自通地发现，泥肠的去与不去，对龙虾的口感大有影响，去则烧后肉老而松散，收缩得厉害；不去则肉紧而饱满，剥出来肉滚滚的一坨。吃时去了壳抽去泥肠，也并不费事。此前我对龙虾的兴趣，不能说是唯在一黄，此时对它的一身肉则更是刮目相看了。人同此心，情同此理，我相信"盱眙龙虾"的大行其道，必与虾肉口感的变身大有关系。

这只是从食客的味蕾一面去考察，另一方面，我的一个更为宏观的推断想亦不难成立：盱眙人在龙虾清理上打开的方便之门，让店家的规模化经营成为可能。试想照南京人的传统法子，剪须、去腮、摘脑之外，还要剪开脊背（不单是为抽去泥肠，还为了让味道更易透入），如此一只只地弄，大批量地处理起来，须得多少时间、人工？即使熟练如我们家先前的钟点工，一日少则几十多则数百斤的量，有人专事此事也得忙翻。

此点未向业内人士求证，想来大差不差。反正盱眙吃法传入之后，吃龙虾在南京就呈遍地开花之势。这大概是在二十世纪九十年代中期，先是一些小馆子以龙虾相号召，其后眼见得火起来，像样点的餐馆开始跟进。相当长的一段时间里，价格相当之亲民。中央商场的顶层改做餐饮了，"亚细亚烧鸭广场"的名目不知何所取义，当时颇像样的，那里龙虾就是一亮点，记得一份只需十元钱。汉府街的"宋记香辣蟹"当时算是南京餐饮界的新军，由蟹及虾，似乎顺理成章，事实上完成的则是由高档到草根的跨越。他家堂吃之外，还做外卖，论斤称，十元钱一斤，远近闻名，门口排着队，里面不乏远道而来者。

至此，龙虾在南京的"存在"已格外分明，"十三香""麻辣"的字样在大街小巷里招摇，更活色生香的是小餐馆门口，一张桌，上面或盆或桶，红艳艳一堆龙虾。总之或堂吃或外卖，热闹非常，吃龙虾由家中各凭己意的炮制为主，到餐馆九九归一的专业化经营，由吃在家里到吃在外面的"范式转移"，即在此时完成。南京龙虾的美名亦从这时开始，不胫而走。

盱眙毕竟码头太小，龙虾风暴的大旗，还得像南京这样的大去处来扛。其情形一如鸭血粉丝汤，镇江人所治其实更佳，到后来其名声却为南京所夺。龙虾风暴后来刮到别处，两大都市北京、上海也在其中，北京人且以吃龙虾酷嗜麻辣口味的缘故，赐以专名，谓之"麻小"（麻辣小龙虾之谓），追溯起来，都是追到南京这儿即止，再不会到盱眙去"认祖归宗"。

南京也真不负龙虾之都的名声。其一是吃风之盛，非别处可比。别地龙虾的影响，多限于一隅，比如北京，虽然"麻小"之名甚嚣尘上，事实上却是出了簋街，也许便难觅踪迹了。吃的人群也有限，吃货之外，怕是多为好尝新鲜寻刺激的年轻人。不像南京，不分男女老少皆裹挟其中，吃龙虾之念，堪称深入人心。其二是长盛不衰。吃事也是盛衰有时的，别处的龙虾风暴都是刮一阵就过去，北京、上海皆如此，短暂的热闹过后即归于平淡。唯独南京，多少年过去，热度依然，甚且愈演愈烈，高潮迭起。

一地的食物到别处生根并非易事，往往一阵风过，并不沉淀到当地人饮食的"基本面"中去，必待那一地的人不是吃个新鲜，有家常便饭的意味了，才算是落地生根。倘龙虾须归宗到盱眙，那它在南京已当真是落户了——不仅是每年夏秋龙虾上市的一阵热闹常规化，而且南京人整个视同己出，对龙虾的南京属性居之不疑，吃龙虾遂成南京一道风景。外地人来南京，倘正是当令，请客吃饭之际点一份龙虾，似乎成了题中应有之义。南京风味，正牌当然还是盐水鸭，然撇开小吃不论，单说席上"大吃"的，称龙虾为副牌，不算夸张吧？

火到这地步，哪家餐馆如果再无龙虾，那就说不过去了。事实上已然没有哪家餐馆面对风靡全城的龙虾还能崖岸自高，四星五星的酒楼也都请它进来，待为上宾——那意思是说，龙虾绝非聊备一格，纵使不能如当年澳龙众星捧月般独占鳌头，却也独当一面，唱的是压轴。当然，一入侯门，就是另一番气象了。

升俗为雅

原本上不得席面的家常菜升俗为雅，所在多有，红烧肉即借"东坡肉"之名（或其他名目）登大雅之堂，俨然大家闺秀模样，龙虾之为上等菜品，命名上倒一直本分，在哪儿都直白得很：十三香龙虾、香辣龙虾、清水龙虾、冰镇龙虾、干煸龙虾……命名不外"龙虾"加上做法。

但鲤鱼既跳了龙门，做法、摆盘到吃法，便要往雅的一路去，变得精致细巧起来。

先说做法。小馆子里的主流是"十三香"，顾名思义，是以十三味药材、辛香料烹制。先下锅里炒，而后加水煮上片刻。香辣味的程序也差不多。特点是味重，为保持虾肉的鲜嫩，时间不能长，又因没有开背、去鳃等步骤，要求其入味，放辛香料上面，就必得下重手。故自家炮制者不论，餐馆里经营的龙虾，最初都是往重口味上去。当然这也跟龙虾的个头、肉质有关——龙虾属虾家族里的粗坯子，淡水里的虾不用说，即使个头更大的海里的龙虾，肉质也要细嫩得多，倘别种的虾也像龙虾般大肆烧煮起来，就难免暴殄天物之讥。反过来，刺身、醉虾那一路"天然去雕饰"的吃法施之于龙虾，也绝对地不相宜。

以我的揣想，重口味，也是要压住龙虾的土腥气。后来清水龙虾、冰镇龙虾的出现，似乎有失龙虾粗豪的"本分"，当然不是龙虾自己不甘寂寞，有出位之思，是龙虾风靡南京之后，店家要升俗为雅，拿它做足文章。任是怎样精心处理，龙虾在鲜美细嫩上面，还是不能与河虾相比，不过有那一大坨肉撑着，精选的龙虾素面朝天起来，也还别有风味——我说的是盐水、清蒸、冰镇的吃法。

这里面我以为最有意思的是冰镇。不知是哪家餐馆的创意：刺身上桌，通常是冰镇，为的是保持其鲜美度，熟食于烹调过后再加冰镇，龙虾之外，真还不多见。冰镇的底子是水煮，应属烹饪中的极简主义，龙虾须生猛，又须处理得特别干净，只用盐与不多的几味调料，恰到好处的火候是其关键。火候恰好的清水龙虾冰上一阵，即为冰镇龙虾。冷热相激，虾肉有一点收缩，吃在嘴里，不失清水龙虾的嫩和饱满而另增添了一份紧实。

头一回吃冰镇龙虾是在湖南路美食一条街上的狮王府。它家的选材极好，大个头的龙虾大小均一，只只"栩栩如生"，鲜红的壳上因冰镇沁出一层细密的水珠，整整齐齐码在长条的水晶盘里，明艳照人，清爽、清淡。看上去居然冰清玉洁起来，有一丝凉意，大夏天里尤引人食指大动。

　　这已是及于龙虾的看相了。与其卑微的出身、粗豪的吃法相应，龙虾原先即在餐馆里也是很不讲究看相的。路边店外卖的姑且不论，小馆子里大盆大碗地端上来（有的店家干脆以小脸盆装，号为"脸盆龙虾"），也有一种食堂风味。因要龙虾浸在汤汁里入味，常是"拖泥带水"地上来——那汤汁不似一般红烧酱汁的红亮，发黑发暗，确有泥水的污浊感。再加各种调味料混在里面，龙虾身上多所沾染，自然污污淘淘。大餐馆据说吃的是档次、品位，原本不上台盘的龙虾到此自然也得袍笏登场，不可造次。随便哪种做法，一概不再有拖泥带水的"原生态"。只是清水、冰镇一路，因不为"十三香"或多少香改易其色，尤显得干净，红也红得越发本色了。

　　与摆盘一道，吃法上也渐入斯文一脉。此处吃法不是指吃龙虾的一般步骤——那是到哪里都一样的。早年盱眙有流行的歌诀云："轻轻牵起你的红酥手（拎住龙虾的双螯），慢慢跟我走，掀开红盖头（剥开龙虾的头壳），深情吮一口，褪下红肚兜（剥去尾壳），抽出金腰带（拉出虾肠），让你一次尝个够，常来常享受……"我听过不止一回了，印象深的两次，内容之外，连说者的表情也挥之不去。两次都是在盱眙，酒过三巡，龙虾上来，照例有一番介绍，做东的人多半是有几分酒意了，彤红的油脸与盘中虾色相映照，也斜着眼，带几分卖弄说起来，有意拉长的声调意在突显歌诀的深层含义，唯恐来客忽略了其中的暧昧香艳，末了没准还挤眉弄眼说一句："——你懂哎。"这一番做作想来是上演了无数回了，还当是外人不晓的秘密，却是常演常新，关键是，状颇陶醉。其情其状，与"斯文"相去甚远。

　　写到此方觉得，我所谓吃法，也许说成"吃相"更准确。过去吃龙虾，要维持住斯文的吃相，殊为不易。面前的一堆虾壳已然弄得桌上狼藉一片，又是剥壳去肠，又是吸吮的，倒也罢了，关键是龙虾拖泥带水地上来，才吃几只，手上已是沾汤带水，到后来一个不留神，汁水甚或顺着胳膊淋漓而下，弄得狼狈不堪。故有人逢吃龙虾便将袖子卷起。我有回因笑说，吃龙虾真是阵仗大呀，揎拳捋袖的，整个是大干一场的架势。此种粗豪的吃法自不见于大酒楼的宴席，首先就不见了满桌虾壳的壮观景象——服务生在一旁不停地换盘子呢。其次龙虾既是"净身"登场，汁水淋漓的狼狈也可避免，店家甚至都会预备下一次性的手套，戴起来操练，了无挂碍。这倒也不仅是吃龙虾，有须手持啃食的肉骨头之类，也是如此办理——也是用餐文明化的举措吧。虽然我以为吃饭戴手套，终隔了一层，通常是弃而不用。

在南京"高大上"

龙虾在南京登堂入室且日趋高档化之时，龙虾风暴已刮到了别的地方，以北京、上海为最。不见得其他地方就不吃或未成气候，实在是因为这两地是比南京更大的码头，有点风吹草动，就能整出很大的动静。上海距南京不远，饮食有相通处（比如喜食要费点事的鱼虾、螺蛳之类），加上上海人实惠，爱上龙虾，意料中事。然事实上北京的龙虾风暴刮得更为猛烈，至少动静更大，"麻小"之名不胫而走，端赖北京人的播扬，上海就没有类似自立新名的创举。"麻小"风靡之际，我去北京，总有人问起南京的龙虾，且要领我去见识京城的盛况。我因惦着要尝北地的小吃，一一婉谢，却也就见得吃上面的新潮了。比起上海人的实惠，北京人的吃龙虾更有"潮"的意味，据说"小资""文青"均以食"麻小"为尚，呼朋引类到簋街喝啤酒吃"麻小"，"嗨"得不行。

但类似南京那样将盱眙龙虾接过来高张艳帜，"鹊巢鸠占"的事儿并没有发生，龙虾之名仍然与南京牢牢绑定。一则龙虾的"本土化"在南京来得特别彻底，固然有人专门开车跑到盱眙去大快朵颐，盱眙人开的龙虾店也大大有名，然南京人端的已将龙虾视同己出，鼎盛之时，食龙虾已成夏秋时候例行之事，菜场相遇，每以"不买点龙虾？"相问，而以龙虾闻名的"朱大""杨四"等总是人满为患，街头巷尾，则龙虾外卖又极是招人。记不得彼时南京城每日龙虾的需求量了，反正是个惊人的数字，与别地相比，遥遥领先。

然而好景不长，现如今南京龙虾的盛名，不是靠走入寻常百姓家的普及率，而大体是靠餐馆，尤其是高档酒楼在顶着。一旦本地人、外地人就南京与龙虾的关系达成共识，本地人当仁不让以龙虾大本营自许，外地人慕名而来为南京人的炫耀所诱，餐馆的菜单里没有龙虾就说不过去了。高档酒楼的加入，让龙虾的价格一路攀升，令老百姓望而却步。所以你也可以说，升俗为雅的一个结果是，龙虾与普通人的日常生活渐行渐远。

　　个大肉丰者差不多已被高档餐馆垄断，小馆子只能尾随其后等而下之，外卖则因价格太高无利可图，早已不成气候。菜市场里龙虾摊位前亦不复往日的热闹——过去你总可见装龙虾的大盆前围着许多人，蹲在地上一个一个地挑。年轻人多不会或不耐自己侍弄，年纪大的人脑子里烙着当年几元钱买一堆的黄金时代，看着盆里形同老弱病残的虾们，两相比照，一声叹息。当然，直抒胸臆道出心中愤懑的人也是有的，有次我在菜场买鱼，摊主兼营龙虾，见一六十来岁体力劳动者模样的大汉问了价后在嚷嚷："喝矢嘀——是吃龙虾啊，还是吃螃蟹?!"摊主就叹苦经，说进价如何如何，那大汉也不理会。事实上他的抱怨并无针对性，毋宁是说给众人听，骂骂咧咧之间，眼睛扫过周围一圈，因我张了他一眼，一度就停留在我这里，像是让评理，那一刻大概是以代言人自居了吧？

　　龙虾最大的养殖地在洪泽湖，洪泽湖的龙虾，凡一等货色，据说都到了南京。上海人实惠，不跟南京人争这一口，龙虾卖到天价，那就由它去吧，小点的不也一样吃？南京人则不能由它去，盛名之下，极品的龙虾，上海、北京可以没有，南京？——必须有。餐馆里的龙虾论大份、小份，中档馆里大份已在一百元上下，高档饭店就不用说了。本地人于不长的时间内见证了吃龙虾的范式转移：场所由家中、街边大排档、小饭馆为主到转向中高档餐馆的包间，形式由二三人、三五人的小聚变成整桌的宴席——其中龙虾是一道大菜，酒酣耳热之际才隆重登场。

　　总之是由"小吃"摇身变为"大吃"，等闲吃不起了。前面说龙虾是"副牌"，乃是就知名度而言，毕竟盐水鸭历史悠久，累积的名声无可撼动；但从另一方面说，龙虾这"新贵"可谓后来居上，因为的确是"贵"，相形之下，作为冷盘出现的盐水鸭如同西餐里的前菜，已是烘云托月的身份。

　　至此，龙虾的草根属性荡然无存。

美国人的吃法

龙虾作为平民化的食物还存在吗？在那些对龙虾不像南京那样郑重其事（仿佛另有象征意味）的地方，还是存在的吧？只是我没想到，一个大的去处倒在大洋彼岸的美国。

尽管龙虾的老家在美国，我一直以为那儿的人是不吃龙虾的——日本有龙虾先于中国，日本人不就无动于衷，且有厌憎之意吗？有次一美国教授来访，院里请吃饭，席上有龙虾，我便问美国人吃不吃这个。答案是现成的：他们连淡水鱼都不吃，哪会吃这个。此外我以为吃龙虾对西餐礼仪绝对构成了挑战，以洋人在饮食上的笨拙，他们怕是也对付不了。果然，他说不吃。边说边盯着面前盘里的一只龙虾，挓挲着两只手，一筹莫展的样子。这是将我的揣想坐实了。

然而事情总有出于意料者。某次在网上与一留美多年的老同学聊天。他在饮食上，是个地道的中华优越论者，每聊天必痛诋洋人食材的单调，手段的简陋。那天我凑趣，说起老外不知龙虾为何物，吃起来那真叫出

"洋相"——虽然我对西餐其实颇有好感。未料那边道："你说的是小龙虾？谁说美国人不吃？——吃啊，吃得欢着呢。"而后就发来几张图片，以证言下无虚。原来美国幅员辽阔，各地饮食颇有差异，吃龙虾限于路易斯安那、得克萨斯等少数几个州的某些地方，上面说到的那位教授在东海岸，又显然不是个吃货，不知西海岸有吃龙虾之风，亦不为怪。

我曾到美国访学，西海岸的老同学请吃海里的龙虾，倒未提及这个，可见同在海边，加州那一带也是不吃的。无论如何，未能亲尝，是一遗憾。作为补偿，我要求老同学充分满足我的好奇心：美国人怎么吃龙虾？在哪儿吃？徒手操练还是像吃螃蟹一样，借助工具？是跟中国人学的招，还是他们无师自通？等等，等等。结果是，他不仅巨细无遗一一解答，还发了段视频过来。经一番答疑（有的是经我问了之后他去查考了，也才弄清），我虽未曾亲炙，对美国人的吃龙虾也算知之甚详了。

大本营在路易斯安那，龙虾的"祖籍"就在这里，当地人喜食，顺理成章。每年四月到季风到来之前，是吃龙虾的季节。届时许多餐馆都做龙虾生意，常年供应的也有，有一种叫作crawfish etouffee的，译作"小龙虾汤"或"炖小龙虾"的，就是当地特色菜，用剥出的虾肉做，冰冻的亦可。当然主流还是囫囵个自己动手剥食的龙虾。居然也有外卖，超市里论磅称。不要以为是中国超市——不是的，地道的洋超市，一如做龙虾生意的大多是洋人开的餐馆，中餐馆反倒鲜见。这就见得吃龙虾他们自有他们的传统。

做法嘛都是烧煮，不同处在于用何种现成的汤料。汤料的构成，不烦细述，但有两样，不在汤料以内，必须一提，一是黄油，一是蒜蓉。蒜蓉我们一点不陌生，清蒸的开片虾味道上就是蒜味主打，各种口味的龙虾中也少不了蒜头的帮衬，与黄油做一处，则是洋派的做法。就因多用黄油，他们的龙虾黄澄澄，蒜蓉也为其所染，粘在龙虾身上，有几分脏相，与我们印象中西餐菜肴的光鲜迥然有别。

当然，人家也没把龙虾当什么正经菜肴。餐馆都是中午到晚餐之间做这生意，到正式的晚餐开始之前，已然撤了。试想就龙虾那模样，那不施刀叉，徒手操练的吃法，任你怎样斯文也"正式"不起来吧？龙虾若大张旗鼓吃起来，委实是跟什么都不搭，事实上来杯啤酒就齐了，老美就是这么干的。买个三磅以上，则还会配上土豆、玉米、火腿肠，就这些。

我很好奇他们怎么个吃法，这上面老同学的答疑怎么也比不了那段视频——是教人怎么吃的，所示范者，当是老美的标准吃法了。从中我看出了两条，其一，头上的黄他们是不吃的，抓起虾的头部就拧麻花似的那么一拧，将那坨肉从壳里拖出来，壳肉分离，舍头吃肉（这让我想起很早以前看过的一部动画片，那上面唐老鸭一堂兄吃龙虾的情形就是如此，我还以为是漫画式的夸张，看来却还是源于生活，吃小龙虾大约是吃海龙虾法子的沿用）；其二，上面的动作已是他们动作的全部，就是说，并未抽出泥肠，那条藏污纳垢的肠子随着那坨肉一起吃肚里去了。我原先要看的就是老美怎么干抽泥肠这细活，倒好，人家一派粗豪作风，一口吞下，浑若无事。

说到这些，未免琐细，美国人囫囵吞枣式的吃法，我也不以为然，只是他们葆有龙虾"草根性"的更其"原生态"的做法令我激赏。这是正餐之外的另一系统，以我想来，就像他们的BBQ（烧烤）之类一样，不那么正式，吃的同时带有游乐的趣味。跨国比较起来，也就像重庆的街头火锅，成都人的啃兔头，南方大排档里吃螺蛳一类的街边小吃吧？其实我们过去吃龙虾，何尝不是如此？

我的龙虾乌托邦因此是回溯性的——回到南京龙虾风暴初起，到处外卖，街边大排档红红火火，三五人坐在昏暗的灯下大吃特吃、痛饮啤酒的日子。再"私密"一点，则是我在珠江路的蜗居里的情形。二十世纪八十年代的两室一厅，那厅只能搁下饭桌，没有窗户，通风极差，夏天吃饭常吃到汗流浃背。每吃龙虾，干脆就赤膊上阵，大汗淋漓中暴食暴饮，爽啊。

在我看来，那应该是吃龙虾的"盛世"。

醉虾

好多年前，看过一部大概叫作《动物的狂欢》的片子，印象颇深。按当时的分类法，电影大体分成下面几类：故事片、纪录片、科教片。讲动物，当归入科教片无疑，而科教片一定"科学"得很无趣。《动物的狂欢》描述动物的生活，却很是有趣，当时背景下，绝对够得上"寓教于乐"的级别。

当然几十年过去，当年"颇深"的印象已是一片模糊，唯有一处还记得清：一头大象吃了从树上掉下的果子，果子已然发酵，含有酒精了。大概不知节制，吃了许多，有了几分醉意，大象走起路来东摇西晃，突梯滑稽的配乐更令其显得醉态可掬。我们都是在科教片的严肃不苟里长大的，看到此自然是笑声四起，乐不可支。

大象醉了是什么感觉，不得而知——是不是像好酒的人一样，通体舒泰，更甚者飘飘欲仙？任是怎样地设身处地，换位思考，终究还是一种猜测。大象若有几分醉意，我们也不知它"意"下若何。倒是人何以发笑，不难解得一二：我想是因为其中有"人"，呼之欲出。训练兽类模仿人类的言动（比如鹦鹉学舌、猴子洗脸、狗熊骑自行车等等）常能令观者喜笑颜开，大象的醉态不烦人来导演而有类乎人的状态，比驯兽的表演更难得见到，有某种"无目的的合目的性"，自是可喜。持严峻的批判立场，我们当然可以看穿此中暗含的"人类中心主义"，因为笑的后面是人的优越感，潜台词是它们也会这样，"跟人似的"，其居高临下的态度，不言而喻。

但要这样上纲上线起来，坚持万物平等，站到兽类的立场上去衡情度理，人就该羞愧难当，恨不得一头撞死了，因为我们对动物的所作所为，比区区"优越感"穷形极相不知凡几，不言其他，单在吃这一项上，人类就已经是罪恶滔天了。幸而本人并非彻底的环保主义者，以为这上面还是"顺其自然"为好，将人归于自然的一部分，串到造化的食物链上去，则"弱肉强食"也属自然之理。当然"顺其自然"还有一义就是不能过分，过分便不"自然"，虽然何为"过分"，也就难说。

一

虐待动物属"过分"的范畴则是一定的。好在除了儿时童蒙无知的残忍（比如卸下蚊子、蚂蚱的翅膀大腿之类），成年之后即再无虐待的举动，也无冲动，至于将欺上身来的蚊子拍得血肉模糊，整个变形，那是圣人也不会怪罪的——属正当防卫，连防卫过当也算不上。人对动物的虐待常与吃有关，这上面我虽不乏冒险精神，然从吃的对象到吃的方式，皆相当主流，偶或吃了什么稀罕物，也是胁从性质。检点平生食谱，拿不准是否有虐待色彩，又是我主动地动口甚至动手的，只有一样，便是醉虾——这是某日心血来潮，忽想起多年前看的电影，脑中浮现步履不稳的大象，没来由想象大象醉中感受，又由此及彼，移情于醉虾：醉虾之醉，又非醉象可比了，绝对是酒精中毒身亡。

不分东西南北，餐桌上虾都被看作美味，只是吃法不同。醉虾大约是南方人的吃法，又以江浙一带最是普遍。不拘盐水虾、油爆虾、炒虾仁等，都是熟食，醉虾却是生食。以生、熟划界，可以独成一类（此处所说是百姓家常菜，龙虾刺身之类大个的高档货免谈）。何时何人发明了这吃法，不得而知。曾见网上名为"古代九大残忍菜"的帖子，醉虾叨陪末座，问谙晓古时菜肴的人，却说不出所以然来，自己孤陋寡闻，更不知。那帖子断为"古代"，于"古"却是未着一字。

且不管来历，只说以我所闻所见，醉虾真是相当之平民化，材料寻常而做法简单，与"油泼猴头""炮烙鸭掌""生浇驴肉"之类挖空心思想出来的大菜相比，端的是老百姓的小菜一碟。只因家里大人无心于吃，老阿姨的菜谱则比食堂更为单调，以至于虽是早有耳闻，却到十几年后方知"醉虾"为何物。

"耳闻"应是上小学的时候。二十世纪七十年代初的南京，还是亦城亦乡的模样，市区里见得着大块小块的菜地，有人家的地方十有八九房前屋后养着鸡，水塘边河沟旁时常能见到有人在张网捕鱼。有段时间生病，动辄请假，往医院跑，一去就是半天。不过是头疼脑热，不算大病，请假多多少少有装的成分。到医院应个卯好给父母一个交代，余下的时间想干吗干吗。找个地方看课外书之外，还有个大项就是呆看人家捕鱼。在小营那儿下6路车去军区总院，要路过一条河沟，通梅园新村的那座名为"竺桥"的小桥左近一带，常有几张渔网在那儿支着。网眼很细，上面是两根交叉的长长竹片，渔网四角固定在竹片末端，张开来有一张饭桌那么大，又有一根长竹竿挑着竹片相交处，斜插着固定在岸边。起水拉网时先将弯成弓一样的竹竿往直里扳，跟吊车似的，再往偏里旋，网就从水面移到岸上。

还有一老头几乎每次都老僧入定似的在不远处垂钓。我最喜欢呆看的是用甩钩钓鱼，印象中就是一线轴和一只锚状的尖利的钩，钓鱼人侧身铆足了劲将钩"嗖"的一声甩出去，线轴飞旋，甩钩带着线飞落水中央，随即就是飞快地收线，可以感觉到甩钩拖着鱼在水下疾驰——这有一多半是想象，因为收上来的十有八九是空钩。城里虽是有水处总有鱼，却是少而又少了。一次又一次地看着无功而返，似乎很乏味，然而与用鱼竿钓相比，甩钩大开大合，过程不乏戏剧性，故常能引我驻足呆看。只是这在竺桥一带是看不到的，那必得有开阔的水面才施展得开。而竿钓是最没戏可看的，对垂钓的人固然是磨性子，看的人则要十分地有耐心。网捕的过程一样地无甚可看，好在起水时网里总有些内容，虽然偌大的网里，只中央那一点地方有鳞光在闪烁。

我要看的就是起水的那一下，有几次还真等着了。这时就有很多人上来围观——也见得那时闲人之多。像别种围观一样，七嘴八舌地议论是其组成部分，人群中必有几个义务充当评委的，或与网主打趣，或干脆相互搭起话来，不管原先熟不熟，认识不认识。有一回网上来的东西少得可怜，还捞上些枯枝败叶和污泥，杂在里面净是些两三寸长的小毛鱼。就有人打趣："这下你家猫有的吃了。"另有人却有肯定性的发现："哟，没的鱼，虾倒不少嘛，够烧一盘菜了。"果见网里有些透明的虾在蹦跳，或是在网眼里挣扎。话题不知怎么就拐到虾的吃法上去了。都给网主出主意，有说盐水煮了吃的，有说搁油炒了吃的，有说和豆腐一起烧的，等等，等等。到最后撇下捞鱼人，开始争论吃法的高下优劣。待高潮过去，才有一一直没出声的老头徐徐说道："虾嘛，刚逮上来的，怎么弄都行啊，要说鲜，还要数醉虾了。"在场的似乎都不知这一招，都想知道怎么个做法，老头便一五一十说起来，我只记得说要用好多酒，最好是好酒，酒越好，虾越鲜。又一条无关做法，对我而言却更神奇：说虾吃到嘴里还在跳。

因为说得神乎其神，只此一遭，我便记住了醉虾。某次家里难得买了一回虾，我试探性地问老阿姨，能不能做成醉虾，她看来知道有此一说的，却眼一瞪道："活的，怎么吃？吃出病来！"后来某次到一老家上海的同学家玩，他外婆拿出两瓶醉泥螺、醉蟹给我们吃，除了死劲的咸，我也没吃出什么好来，只是见到瓶贴上的"醉"字，立马想到传说中的醉虾，想恐怕相去不远吧？只是想象不出来，腌成这样了，虾到嘴里还能忽然蹦跶起来，岂不是诈尸了？！

二

这问题一直无解。后来知道，老家在江浙一带的中学同学，颇有一些家里都炮制过醉虾，只是那年头老在想"国家大事"，吃的冲动虽在压抑中潜滋暗长，却终属"政治不正确"，所以然的层面是不遑问及的。是故几十年后方知所谓醉虾在嘴里跳是渲染之词——那老头的话当不得真，除非是尚未醉倒即纳入口中。

不过至少，醉虾往往端上桌来时还在跳。中国菜肴里有不少具有表演性，最后的步骤就在食客面前完成，稀奇古怪的不论，最常见的是三鲜锅巴（抗日战争时的重庆称之为"轰炸东京"）：盘里是油炸的锅巴，一碗刚起锅的三鲜浓汁浇上去，一阵"嗞啦"声大作，举座粲然。醉虾的表演没那么大动静却更为"生动"。通常都是盛在加盖的玻璃器皿里（防止虾们挣命逃逸），酒一加进去就端上来，酒精刺激之下虾不住地上蹿下跳，店家的用意也恰是让你领略这一幕看得见的"生猛"。及至虾们认命，盆里归于死寂了，便来人将作料浇入，接下去便是开吃了。

吃虾也与吃别物一样，要分类首先当是生食熟食。植物的生食不成问题，动物而有大规模的生食，我们应该是学步东洋人、西洋人，于今什么三文鱼刺身、龙虾刺身，乃至生食牛肉之类，已是遍地开花，我之未将吃醉虾视为畏途，没准还是三文鱼刺身之类垫的底。人类的饮食，从"茹毛饮血"到熟食是一大进步，据说不单于身体，于脑的进化也具有决定性，倒回头去生食肉类，似乎有反"文明"的嫌疑——不知是否本能地信奉吃上面的"进化论"的缘故，小时对"生"有一种夸张的排拒，不要说动物的肉，植物当中，只要不是定义为水果的，即不肯生食，包括介于水果、蔬菜之间的西红柿，还有从名称上看即有两栖意味的"水果萝卜"（红心萝卜，又称"心里美"）。小时一举记住了醉虾，且似颇有向往之诚，恐怕也是叶公好龙，当真送到眼前，敢不敢下筷子，真还难说。

经了刺身的历练，醉虾自不在话下。其实醉虾虽属生食（既然未下锅，不加热），与三文鱼之类，还是有别：三文鱼在案上去骨切片，蘸了作料即入口，醉虾则要有"醉"的一道程序，即在酒里浸泡。"醉"与腌渍当然不是一回事，因不用那么长的时间，但四川泡菜里也有新鲜蔬菜丢入泡菜坛，不多时即捞起吃的，唤作"跳水泡菜"；醉虾也就约略近之了，仿其名，当称"跳酒泡虾"。所以去地道的生食，尚有一间。

与刺身相比，醉虾吃起来有些麻烦，你得一个个地剥壳，小虾，剥了壳去头去尾的，只余身上一点肉，只能是慢条斯理地吃。而且非得裸手操练，现今大一点的餐馆，啃骨头吃小龙虾之类，会发一次性手套一双，令手与食物避免接触，颇合卫生之道，也不知是不是醉虾太小，戴手套操作不便的缘故，吃时就不讲这一套。见过高人撺只虾丢嘴里，在口腔内完成肉、壳分离，虾肉吃下，出来干干净净就是虾壳。无奈多数人不办，还得双手并举，弄到一手的埋汰。但是只吃了一回，这麻烦我就认了，因醉虾实在是美味。

江南人吃鱼虾，似比别地的人更讲究鲜嫩——鲜是味道，嫩是口感。醉虾当然也鲜嫩，然其"鲜"其"嫩"独树一帜。这是从"生"而来，虾的别种吃法，不拘蒸、炒、煎、炸还是水煮，食材本身之外，鲜嫩是由火候的控制来保证，醉虾不劳举火，其鲜嫩更其"浑然天成"。熟食的虾加热后壳红肉白，醉虾端的"天然去雕饰"，依然故我，通体透明，剥出肉来仍是玲珑剔透的一缕。口感亦特别——比熟食的虾更其"肉感"，另有一种源于"生"的弹性，吃起来又有熟虾没有的特别的黏韧。总之是特别。最妙的是无须烹饪功夫，或者说，行的是"极简主义"，简到我这样不会下厨的人也跃跃欲试，自己炮制。

三

因要自己炮制，头一回到菜场去买虾。十月份正是虾兵蟹将肥壮的时节，各类的虾都在大卖，包括南京人酷嗜的小龙虾。小龙虾看相真是不咋的，顶着或青灰或褐红的壳堆在大盆里无谓地爬动，像甲虫一类，一看就是泥淖里打滚的货色。水箱里养着的那些，不拘河虾、江虾、对虾、罗氏虾、竹节虾，一概地须脚舒展，通体透明，游动起来，更是纤毫毕现，相较之下，真是"水做的骨肉"了。

做醉虾只能是小虾，基围虾、对虾之类个头大的，不易醉杀。在外面馆子里吃过多次，记得只有上海一家以海派创新菜看相号召的餐厅里，用的是基围虾，作料里还有话梅汁，称"话梅醉虾"。馆子里有什么特别的招数也未可知，安全起见，还是不敢效法。我买回的是江白虾，倒不是对所谓"江鲜"情有独钟——只是白虾看着更可喜。青虾的透明里隐隐的绿意，让人想起青苔，白虾则透明得更纯粹，仿佛腑脏也可直视无碍。

拎回家来在水里洗净，作料也弄好了，忽想起有一大关节尚未知晓：该用什么酒让虾醉？当即打电话向精于吃的人请教。问了两人，答案各一。一个说要用白酒，理由是酒度数低了虾不易醉，且从消毒的角度说，也是白酒为宜。另一个说用黄酒，没理由，他都是这么做，菜谱上也都是如此。从哪一个是好？思前想后，还就是取了白酒。

所谓"思前想后"，涉及酒在醉虾中扮演的角色问题：是有酒的浸泡，可令虾鲜香尽出，还是起杀菌作用，以策安全？身在高校，饱学之士自不乏其人，这上面却真是"独学无友"，"尚友古人"也不得其门，故无确解。只好经验主义加推己及虾地含混认定，恐怕是兼而有之。酒能去腥膻而提鲜，这在烹调鱼肉之类时已是应验了的，至于酒能醉虾而杀菌，好像可以从酒精对人的作用推导。那一阵盛传醉虾的不卫生，食客食而中毒的事时有所闻，后来醉虾从南京众多餐馆里消失，也不知是不是与此有关。白酒度数高，自可增加安全系数。但我之弃黄酒取白酒，还基于另一想当然的推想，即白酒既如对人一般可令虾们进入醉态，自然更让其更快地酒精中毒身亡，而死亡的过程愈短，味蕾仿佛就更能俘获鲜美——中国人在食材上所要求的"新鲜"到水产上演为对"活"的执着，倒不是当真要活吃：一方面是生前"活"的程度，一方面是"现杀"，醉虾太符合这要求了。

后来也用黄酒做过醉虾，也不知是不是心理的作用，相比之下，就觉白酒过于刺激，黄酒的温和则能更令虾的鲜甜尽出。虾蟹的肉鲜里都有一份甜。市场上到处有卖的一种虾，干脆号为"北极甜虾"，是不是当真来自北极不知道，甜是真的，其他种类的虾也一样。但醉虾与熟食的虾又不同，其鲜甜自成一格，与口感一道，妙不可言。

四

妙不可言，做法又极简约，自然要时加操练。做醉虾时家里最兴奋的是我女儿，醉心于吃是后来的事，起初是因为可以玩，总要求捉一两只出来放到地下，待看到虾没有任何攻击性，又会擎在掌上欣赏，看虾触须姿态横生、通体透明的，还会发出赞叹："虾真好看啊！"待你要将虾拿去"醉"，她便阻止，态度之决绝，让人担心等会儿吃虾她会有心理障碍。但是不，她吃得兴兴头头，到后来一听有醉虾吃，虽不至于手舞足蹈，一脸的欣喜却是肯定的。

我对虾们也不曾有过负罪感。只是某次一边喝着酒有点酒意，一边等着虾醉倒，看玻璃盆里虾的死亡之舞由强劲而萎靡，飘飘然地想，虾浸没于酒中，这才真叫作"醉生梦死"。后来不知怎么，又开始悬想虾的醉中感受：虾们也会晕乎乎是一定的，酒精作用于一切动物大约都会如此，它们也会有惬意的感觉吗？说它们只有生理反应而无心理反应是否只是人的一种假定？酒对虾是否像对人一样有诱惑性，若可得含酒精食物的话，它们会不会本能地寻食？再一想，这都哪儿跟哪儿啊。再上瘾的酒鬼也不会把自己扔酒缸里，虾的"豪饮"完全是被动式，且很可能到嘴不到肚，美酒对它们而言，整个就是"没顶之灾"，略等于人下毒把它们给毒死了。

诚实地说，我一点没对玻璃盖碗里的虾们起怜悯之心，忽发奇想罢了。

多少关涉到饮食伦理的，是在不久以后的一次饭局上。座中有一位刚从报上看到一条消息：欧洲有环保主义者抗议法国人吃鹅肝，说那样填塞，人为地给鹅弄出脂肪肝来，属虐待动物无疑，要求禁了这道美食。他当段子讲给众人听，不想有位入了法籍的女士，倡导素食主义的，有几分认真地开始历数中国人吃上面的变态。好像做过调查，掌握了不少材料的，说出许多闻所未闻、稀奇古怪的吃法，无一不变态，像是在给各种动物动大刑，听得人毛骨悚然。说话间我点的醉虾端上来，那位女士正讲得兴起，也顾不得他人的尴尬，就近取譬，指玻璃盖碗中蹦跳着的虾，说，这就是现成的虐待动物的例子。

桌上原本已有几分严肃了，气氛却并不紧张，因所说的那些事不关己，我们还补充自己所知，跟着声讨，这一说说到了自家头上，就有点不尴不尬。我一面佩服她的顶真——试想这年头还有多少人下了台出了会场还顶真呢？——把人给讲得顿生罪恶感，一面却是不能服气：吃醉虾与那些令人发指的对动物的虐待还是不能混为一谈吧？而且即使我们指斥那些施予动物的变态行为，更多也是指向人的阴暗心理，并非真能转移到了动物的立场。虾在油锅里爆、水里煮，就比醉杀更合乎"自然"？牺牲一点"鲜"味，待虾自然死亡后再食大概比较合乎道义，但事实上从捕虾开始就已经不自然了。当然那位女士是主张食素的，然则安知植物就没有感受，吃素就一定与"虐待"无涉？倘因"人异于禽兽者几希"就对动物多所关注，那还是按照与人距离的远近来安置人的同情心（人是"高等动物"，自然是离动物近，距植物远），这不还是所谓"人类中心主义"？这么随便一想，随即就怀疑自己在给吃醉虾的欲望找理由，也想不出所以然来。

摆在面前的现实问题是，这么定性地说了一通，醉虾还怎么吃？幸而座中有位善于调节气氛、掌控局面的高手，截断众流打哈哈道："人类是地球的家长，对动物还是要善待呀。话说回来，人真是比较累，动物间互相残杀，再残酷也是自然而然，到人这儿就牵出道义来了，要不怎么说'做人难'呢？"说着筷子便向醉虾伸过去。

所谓"虐待"问题，自然也就一笑而罢。

从『马鞍桥』到『炖生敲』

一

　　中国人关于吃食的分类或定性，有很多西方人总也闹不清的名堂，比如不论蔬菜、水果或动物的肉，都有"热性""凉性"之分，不归于此即归于彼，概莫能外，就像法语里所有的词都要分出阴性、阳性。"中国"是阴性，"日本"是阳性，凭什么如此划分，却也说不出所以然来。中国人之区分"热性""凉性"却是有说法的，一般人都懒得去弄个明白，只是多少是相信的：多少代传下来的说法，总归有些道理。故如果在"上火"（又是一个洋人不懂的概念），橘子就不宜吃了，同为柑橘类的芦柑则不妨多吃，因为前者"热性"后者"凉性"。看上去差不多的东西，怎么"属性"就相反呢？我一直也没弄明白。

像这样同一类东西内部的区分我觉得特别玄妙，比如肉类，猪肉是"凉"的，羊肉是"热"的，狗肉则"大热"。"凉性""热性"并非一褒一贬，关键是看什么情况下吃，通常情况下，冬天吃羊肉、狗肉就受到鼓励，相反，夏天则被认为不宜。当然，问题远不是一个季节因素那么简单——还取决于你的体质是怎样的。如果"火"大，或者只是那一阵"火"大，"热性"的食物就少吃为妙。我的印象里，"热性"的食物似乎更负面一些，也许有自己被判定易"上火"的缘故。并不是专家根据什么量化指标对我做了如此这般的鉴定，是父母根据相沿的说法和经验给定的性——无须专门的传授，这一套老辈人似乎无师自通地都会，我现在偶或也会循同样的理路不明所以地指示女儿不宜吃这吃那。

我被定性为易"上火"，最主要的根据是大便干燥，有时便秘，还有就是时不时地嘴唇上爆皮乃至起泡。"热性"大的食物，据说吃了是要"发"的，南京话里"发"是体内毒素外显的加剧。比如有什么炎症，不管是表皮的内部的，吃了"发"的食物，肯定不妙，伤口不易愈合，扁桃体越发肿大，等等，等等。

小时我最烦的就是大人说什么"热"啦"火"啦"发"啦的，这意味着在吃方面将要受到限制。其他也就罢了，在"荤"的珍稀性无可比拟的背景下，不让吃肉最让人忍无可忍，幸好这样的时候不多。相比较而言，有些鱼尽管也是发的（比如鲫鱼，尤其是当其烧汤时，最"发"，孕妇吃了则有催奶之功），我倒不甚在意。一则吃鱼比吃肉的时候更少，碰到我忌"发"的概率也就不高；二则不大喜欢吃鱼，嫌剔鱼刺麻烦，偶或吃鱼，母亲总是数落我的笨拙，用以对比的是堂伯的女儿小芳，她总是吃得干干净净，遗在桌上的鱼骨就像画上小猫吃鱼后的遗存，而且绝无如我那样的不时被鱼刺卡住的情形，这令我在吃鱼方面的自信心大受挫折。

但吃鳝鱼却是例外。鳝鱼在鱼类中应算是相当"另类"，圆滚滚滑溜溜身段似蛇，城里人大都是在菜场里见到，一大堆盘曲着挤在盆里，黄黑油亮，在同类的躯体间钻来钻去。不少人，特别是女性，觉着恶心巴拉的，因此就拒绝吃它，我母亲也在其中。虽如此，家里有时还是买回来，特别是在夏天。有个说法，不知是否江南这边才有，说"大暑黄鳝赛人参"，大补的。我喜吃鳝鱼，少半因觉得好吃，多半倒因骨头易剔除，就中间一条，脊椎骨之外再无其他旁逸斜出的芒刺。此外家里烧鳝鱼通常是红烧肉差不多的做法，鳝段与带皮五花肉的肉块一起浓油赤酱地烧，真正的"大鱼大肉"，肉沾了鱼的鲜，鱼有肉的香，对酷嗜荤菜如我辈，简直就是节日。而鳝鱼如一切无鳞鱼一样，在我看来，是鱼类中吃在嘴里有肥满感又最接近吃肉的。

在南京，鳝鱼又叫"长鱼"，不知是否因其形而得名，到现在还有以鳝鱼面为主打的面馆号"长鱼面馆"。事实上，鳝鱼捋直了才见其"长"，活着时多半如蛇一样曲身盘绕，再不肯直了身。我见长鱼"长"起来，多半是它临刑之际。父母工作忙，烧饭做菜基本是不问的，都指望着老阿姨，老阿姨杀别种鱼都是自己动手，唯独鳝鱼，看着就怕，只能假手他人，这多半就是菜场卖鱼的师傅了。许多人家都是买鳝鱼回来先弄个盆在水里养着，现杀现烧，味道最好。我们家里吃上不讲究，在"鲜"上做些让步，也不觉什么。只是"文革"时期的服务行业最无"服务"可言，菜场里的人横眉立目的，比谁都横，帮顾客切肉、杀鱼杀鸡之事，大体上没有这一说。二十世纪九十年代个体菜贩子出现，鸡鸭鱼肉可照你吩咐拾掇好了给你带走，比如鱼吧，刮鳞去鳃去内脏，不在话下，真是方便，当时都觉新鲜。不过我小时，菜场里帮着顾客杀鳝鱼之事却还是有。也有黄鳝死了，或是极小的杀好了卖的。现场必有些人在围观，买者、闲人之外，必有小儿目不转睛地盯着看。路经菜场，我时常扮演的就是这样的角色。

一块带钉的板不知算不算专门的工具，师傅从盆里捞一条出来，将鳝鱼的头往钉上一别，照准部位一刀下去切个口，一手探进去瞬间就将一挂子内脏抠出来抛到一边。我更喜看连杀带剔骨。前面的步骤一般无二，只是钉住了头之后在头部下面一点的位置横着拉上一刀，而后将鳝鱼躯体捋直了，从横着的切口处竖着一刀划下，直贯到底，鳝鱼原本严丝合缝全封闭，像无缝管子似的，立马从上到下四敞大开敞着怀。师傅再使刀在里面左一划右一划，只两下，长长的鱼骨即被剔出，麻利至极。我于此常看常新，一直觉得这剔骨的手段不可思议。

看之外，若是与伙伴同看的，没准还会互相撺掇着，看谁敢抓一下。那蛇样的玩意儿看着恶心，亮腻腻的身上像裹了一层黏液。我们对蛇的惧怕甚于猛兽，狼、老虎之类其实都只在动物园里见过，想象中因没有蛇的那份阴险，似乎就没那么可怖。抓一下鳝鱼因此颇有点比试胆量的味道了。有的只碰一下就像被烫着了似的赶快把手拿开，我在这上面经常是更胆小的，只是为了出风头，有时会忽地忘乎所以。有次就抽冷子抓起一条来，在手中停留了一两秒钟之久。所谓"冒险"，也是指这样的举动多半会受到卖鱼师傅的呵斥，那次果然就被吼："小炮子子，讨打呀？！"作势要捉拿。我立马弃了鱼，也不管盆里的水溅到看客身上引来的嫌憎，一溜烟就跑开。一声吼于我事实上倒是解脱，因抓起来马上触电般地抛掉，卖弄胆大的表演就打了折扣。而那冰凉的身体在手里扭动着，委实叫人胆战心惊，一吼之下，放手的动作也便不再有被理解为畏怯之虞。

那一抓的后遗症也是明显的：事后我时不时下意识地嗅自己的手，似乎洗过了也不管用，说不出的腥气好像渗进皮肤里了。

二

我怀疑我对好多吃食印象深刻，不单是味觉上的记忆，也包括上述这一类的呆看，记忆与消耗的时间经常是成正比的，虽然当时不过是无聊。小时对吃常常是食而不辨其味，只有一个笼统的好吃，比如鳝鱼，多半还是吃荤的大概念。

鳝归鳝，肉归肉，对鳝鱼稍知其味，已是多年以后的事。时为二十世纪八十年代初在大学读本科，学校有一餐厅，名为"工会小吃部"。似乎好多大学里都有这样的"小吃部"，所卖并非小吃，各色菜肴都有，与一般餐馆无异，只因是内部性质，不上税，不要房租，比别处要便宜，味道却一点不差。于是成为师生打牙祭的所在。但学生都是阮囊羞涩之辈，即使客来，多半也是领到食堂，到此大略都是冲着小笼包、阳春面，点菜吃饭，属偶然中的偶然。有次父亲一老战友的女儿来找我，到吃饭时间，拿了碗筷正待走，她柳眉上挑道："吃食堂啊？！那我是不吃的。"只一句，即让我大感羞惭，觉得居然有这样的念头，简直是对她的侮辱。

于是便去工会小吃部。为全颜面，将功补过，点菜时不免加码，虽说没来过几次，原也说不上有什么"码"，只是预备在顶贵的菜里点一道。此处堪称顶级者，一为清炒虾仁，一为响油鳝糊，记得都是三四元钱。依我之意，肯定是要点响油鳝糊的，因其时尚在缺吃少穿年代，虾仁不够"荤"，又着"清炒"字样，听上去更其寡淡。但向客询问，她咬定虾仁，也只好随她。旁边一桌恰上了响油鳝糊，浓香飘来，煞是诱人，又兼用油多，看上去更有"荤"意。其实清炒虾仁也很油，盘子里汪然一摊，只因虾仁色淡，显不出来，哪像鳝糊油得那么隆重？受这刺激，当时就暗自发愿，有机会再来，一定要点。

再来的时候，已在读研究生，照当时的规矩，都有助学金，每月四五十元钱，这也相当于普通人一个月的工资了。读研之前我在机关工作过一年时间，拿过薪水的，但做回学生与上班族感觉就是不同，领到的钱像是白捡的。暴"富"的感觉真好，而且同学多为单身汉，没有负担，尤有一种吃的氛围。外文系有一朱姓朋友，同门中有一叶姓哥们儿，都是好吃的，自此，或与朱或与叶，隔十天半月，总要轮流出钱在小吃部吃上一顿，每餐所费，六七元、七八元至十来元不等。听上去便宜，算一算就是每月例钱的四分之一或五分之一，可谓豪举了。自然地，响油鳝糊在常点菜肴之列。

只顾了吃，未尝循名责实，后来才明白，所谓"响油"者，并非一种油，不过是渲染端上桌时仍吱吱作响；所谓"鳝糊"也并非将鳝鱼弄成糊状，事实上乃是鳝段或鳝片。去了骨的鳝段要用开水焯一下，漉了水下锅略煸炒，热锅里再放油、调味料，葱姜自不在话下，鳝片下去再加翻炒，勾好的芡下去，装盘。关键是最后一勺滚烫的麻油浇上去，于是乎油声大作。菜名中的"糊"字却无法落实，或者是勾芡的缘故也未可知，但淮扬菜挂糊勾芡的多了去了。

鲜、香，还有一个嫩。讲究下手快、勾芡，都和追求一个"嫩"字有关。小吃部里还有一味炒鳝丝，也还是讲究嫩，只是因为用的是小鳝鱼，又有些辅料，就便宜些。一等价钱一等货，的确是不如。淮扬菜中属炒菜一类的，大都将嫩列为要件，而烧菜更强调的是入味，"大烧马鞍桥"便是如此。

说起来，这道菜于我应算是"旧雨"，因说白了就是鳝段烧肉，只是馆子里做起来，是从业余变为专业，或如民间歌谣升为文人吟唱，已然别是一调，又加看相好，便如穷措大遇着发迹的亲戚，不敢相认了。作料、程序自比家中要复杂得多，且重点突出，鳝鱼是主角，肉则是烘云托月的角色，定性是鳝鱼菜，而非肉菜。还有一条，是放好多蒜瓣和糖，出锅前还要放青蒜，故有浓郁的蒜香。蒜瓣虽则江浙一带做鱼都会搁，做鳝鱼却似乎用得特别铺张，而大烧马鞍桥的蒜香也是最入味的。还有一条，是一个厨师告诉我的，说鳝段与肉合而为一至砂锅里焖之前，分别过油炒一下的那道程序，须用熟猪油，用色拉油味道即大大不如。得到这条秘诀已在新世纪，多数人家早已不再有备好的猪油，故若不是老饕，要吃地道的，只有在馆子里了。

此菜的命名，照某书上的说法，乃因鳝鱼段与猪肉合烹后，形似马鞍，故而得名。[1]做这菜鳝鱼无须去骨，切成四五分长的段，上面还要剞上两刀，令味道易收沦肌浃髓之效。烧出来是筒状，故也有称作"蒜瓣鳝筒"的。我实在看不出与马鞍有何相似，尤令人费解的是说"合烹"方有以致之，难道猪肉的加入有变形之功？然而没人较这个真，文人干脆就"赋得"起来，清人林兰痴有诗云："藏时本与龟为伍，烹出偏以马得名；解释年来谈铗感，当筵翻动据鞍情。"——真正是敷衍成篇，只是别处诗选再不收，说到大烧马鞍桥，总有机会露

---

1 马鞍又称马鞍鞒，此菜名误将"鞒"作"桥"，长期沿用下来已成定式。——编注

脸，权当"有诗为证"。

我头次对"马鞍桥"留下印象，却是被叶姓哥们儿误导。那时他已然有家有口，自然另起自己的炉灶，祖籍苏州，原是会做几个菜的，有次找他闲聊，他要露一手，说要给我做个"马鞍桥"。当下便让我跟着上菜场，弄了条肥大的鳝鱼回来。还有一套挑拣的讲究的，我一窍不通，由他说。到家拾掇好了，弄成鳝片，放了好多油，油烫了就下锅，一边炸一边讲解，说所谓"马鞍桥"者，是指鳝片经滚油一炸，两边会翻翘，中间拱起，形似马鞍。我自然唯唯受教，只是那鳝鱼不肯配合，再炸下去就老了，还是不能变成他要的形状。说得头头是道的厨师急了眼，不住地归因于火不够大，油不够多，等等，等等。最后也顾不得形了，浓油赤酱地烧起来。也好吃。

尽管演出失败，尽管后来再没见过他说的那种做法，他这也算是"马鞍桥"的一解，想来不是杜撰。而且单论形状，他之所说，似要比筒状的鳝段更能"象形""指事"。当然，虽都是浓油赤酱，我还是更喜应属"马鞍桥"主旋律的"大烧"，因与猪肉同烧，又用熟猪油，除上述蒜香浓郁，其味入骨之外，还有鳝段入口时的那份丰腴感。

三

不知在别地怎样，至少鳝鱼在江南是大受追捧的。不大上菜场，不知其价，但我知道苏杭一带的各种浇头面中，鳝鱼面总是享有尊贵的地位。苏州面馆里，价格上可以称最。杭州奎元馆的虾爆鳝面则是被中国烹饪协会颁予"中华名小吃"匾牌的，更是闻名遐迩，店家的广告词里渲染道："到杭州不吃虾爆鳝面，等于没到杭州一样。"整个夸大为杭州的象征了。一九八一年头次游杭州，还没如此大张旗鼓，但也同西湖醋鱼一起，听当地人说过。穷学生，醋鱼吃不起，唯这味面，还在可望而可即的范围内。

便去奎元馆。谁料里面人满为患，长队排出去好远。吃面而有这样的盛况，只有两年后在上海南京西路石门路口的"王家沙"遇到过。顺便说说，我在那儿是等着吃"两面黄"，一种油煎的面条，煎到面条泛黄。上海本地人点"两面黄"的并不多，我排到跟前正付钱时就听后面两人用本地话在议论。"港督"或"洋盘"

我是听得懂的，意思是冤大头，看他们不以为然的样子，大概是说我这外地人不懂门径，点这个，又贵又吃不出啥名堂。内行人对"老外"（此处不单指洋人，泛指所有外行）常有这样的不屑，他们自以为躲在方言的掩护下可以肆无忌惮地指指点点，似不大礼貌，我却也还是服，因"两面黄"不过尔尔。杭州人对虾爆鳝面似乎没有这样的鄙夷，本地人也好的。

我那天前功尽弃，因等的时间太长，而时不我待，杭州有太多的去处要游玩，虾爆鳝面几年后又再上杭州时才得到口。亦盖浇面或浇头面之属的，只因浇头现炒，就应另立一目，叫小炒面。更常见的盖浇面都是大锅菜先做好，不拘焖肉、肉圆、大排、小排，又或什锦、雪菜肉丝、猪肝、腰花，都是一大盘放那儿，面下出来来一勺盖上面，端走。小炒面则一份或数份浇头当时爆炒出来。这与炒面不同，炒面最后是要面与菜烩炒在一处的，小炒面是菜自菜面自面，分治后合而为一。仍是汤面，只是汤用治鳝的汤。虾爆鳝若不是现炒，一点意思也没有。其实也不是一"炒"了之：鳝以炸为主，虾仁是滑熟的。我想做一处并无味道的互相渗透，那应该是取其看相了。装碗时先铺上鳝片，再堆虾仁，鳝片黑，虾仁白，的确看着喜人。二者口感上亦有对照，我印象深的倒是虾仁，不仅粒大色白弹性好，且透着一分脆。而面条既用治鳝的汤，其鲜美又非只用统一汤底的寻常盖浇鳝鱼面可比了。

其实虾爆鳝本身就是一道菜，苏浙一带的馆子里常见的，吃过虾仁滑熟了的，也吃过与鳝鱼最终一起炒的，何为正宗，却坐不知。我对此味不能像对大烧马鞍桥、响油鳝糊一般全情投入，实因虾与鳝做一处不像前者那样，猪肉与鳝段水乳交融，有互补之妙，既然不甚相干，则又多少形成干扰，不如干脆就是鳝。

但是不知从何时起，南京的馆子里，响油鳝糊、大烧马鞍桥都有退居二线的意思，鳝鱼菜肴里，"长鱼软兜"开始领风骚。软兜是淮安名菜，据说左宗棠视察淮河水患驻节淮安，淮安知府特调大厨专为他做软兜，左大人称善，逢慈禧太后七十大寿，便推荐此味为淮安府贡品。照此说来是早已"载入史册"的，新世纪以前却就是不大见到。在我的美食单里挂上号之前，应该领教过的，或是因为不地道，或是一大桌人酒中喧闹，无暇细品，只作寻常炒鳝丝看了。

也是与炒鳝丝不无形似有以致之。盖软兜选用的是笔杆粗细的小鳝鱼，不似鳝片的宽展，鳝段的粗大，烧时并不截长为短，上了桌从盘里用筷子揞起，两段垂下，若小儿兜肚带，其名即由此而来。我不知就里，有次席上又碰到，还强不知以为知冲服务员道："你们厨师也太图省事了，鳝丝就懒得切几刀？"不道座中有一朱姓大学同学，瞪大了眼看我："不至于吧？——没吃过软兜？！"

原先只知道他好酒，"洋河"成箱地买，这才晓得，在吃上也是会家子，而且软兜是他的"专攻"，上馆子必点，南京各家的软兜吃遍了。此次出版社做东选在这里，就是从他之议，他的理由是，此处软兜别家没的比。席上本当谈什么选题的，结果他几杯酒下肚，开始给众人做软兜启蒙：来历、做法、妙处，高下的鉴别，说得神乎其神，令人觉得这道菜简直深不可测。再下箸时，由不得你不端正态度，我因前面露了怯，更是唯唯诺诺。细品之下，这家的软兜也真是可口。与鳝鱼一般做法不同处，软兜是将活鳝丢滚水里氽，待小鳝不再乱窜，嘴张开了，再捞出去骨取肉、清洗，又到沸水里烫一下，捞起沥干了水分才烈火烹油地炒，装盘时还撒些白胡椒粉。也勾芡，也放酱油、蒜瓣，做出来与响油鳝糊迥异其趣：响油鳝糊味浓，软兜清淡，鲜里透着爽，所放作料比重不同之外，我想还与醋有关，汆活鳝的水里要搁醋，出锅时又烹入香醋，吃时不觉醋的存在，然在提鲜助成爽滑之感上，必有一功。当然，嫩是不用说的，挑在筷子上颤颤微微，尤能显现朱姓同学所说的"嫩度"。

但朱姓同学那次似乎一意要将才艺展示进行到底，不免对厨师高标准严要求起来。除别的细微处指其未如前次他光顾时的尽善尽美之外，他还断言所用算不上地道的"脊背肉"——"把厨师叫来，让他说说这算不算脊背肉！"——原只是当谈资说说的，这时喝得有点高了，大概觉得这家店不给他长脸，当真有点义愤填膺起来。众人打了一阵哈哈才敷衍过去。我疑惑这么小的鳝鱼，哪还分得出前胸后背？怎么取"脊背肉"？

后来看菜谱，的确说是"脊背肉"，却未及取脊背肉之法。再没遇到过朱姓同学那样的软兜高人，这疑惑也就一直留到现在。

四

软兜风行一时，我总怀疑是否与成本低有关系。小鳝鱼比大个的要便宜得多，当然做软兜偏坚持选材要严，非"脊背肉"不用，且费工夫，那就又是一说。不过小鳝鱼通常只是做炒菜，若是烧炖，那就非大鳝鱼不办。"大烧马鞍桥"自不待言，还有一味，正经金陵名菜，叫作"炖生敲"的，在鳝鱼的肥大上，更有要求。

南京地理位置上不南不北，亦南亦北，吃上面没什么特点，加以南京人号为"大萝卜"，独出心裁的时候不多，正宗的南京名菜，委实寥寥无几，现在打出"南京"又或"金陵"旗号的，追溯起来，多半是"淮扬"出身。但"炖生敲"百分之百是南京菜。这道菜是有"金陵厨王"之誉的胡长龄自创，胡是南通人，成名却在民国时代的南京，首善之区，达官贵人云集，厨师正可大显身手。"炖生敲"应即创于此时。

也有人说这菜有来历，载于《随园食单》。翻袁枚书，关乎鳝鱼者，为"鳝丝羹""炒鳝""段鳝"三条，"鳝丝羹"条于提示做法之外，忽来上一句："南京厨者辄制鳝为炭，殊不可解。"有人断言，这"为炭"者便说的是"炖生敲"，因这道菜恰是在炖之前要将鳝鱼炸作银灰色的木炭一般。这话我不大信：袁美食家在吃上面不乏进取心，总不至于仅凭看相不好，尝也不尝，即一笔抹杀，倘若尝试了，如此美味，他倒不能领略？除非他认定食鳝必食其鲜嫩。不过就算享此酷评，"炖生敲"之为地道南京菜反倒更是确凿无疑了。

惭愧得很，生在南京长在南京，我一直没吃过，也不知道身边有这么道名菜，直到大约十年前，一个朋友请吃饭。彼时还不兴现如今这样，动辄上馆子，大吃大喝时常就在某个朋友家里进行。通常也就约个时间，招呼一声，到时一帮人杀将过去，虽说时能吃到一二看家的菜，也都是以平常心"不期而遇"。这一次却不同，那朋友广而告之，早有铺垫：压轴菜是"炖生敲"。由众人去酝酿出饱满的情绪。我虽不知那是什么东西，通知电话中也不及细问，却也知道非比寻常了。

到那一日，络绎到达她家的人逮着她便就"炖生敲"问长问短，有一种更急切的期待氛围，看来"惭愧"的远不止我一个，即或听说过的，也不知所以然。首先那菜名就让人莫名其妙。朋友解道，"生敲"者，乃指做此菜鳝鱼去骨之后，须以刀背或木棒敲击，令其肉松散，此程序关乎最后的口感，大是要紧。"炖"字无须解释，原本就是一道炖菜，唯炖之前要炸，不是象征性地炸，要炸透，直至水分全部炸出，表征即是表皮爆起"芝麻花"，到此时也就色作银灰，如袁枚所谓"制鳝为炭"了；而后再入砂锅炖。

那朋友纸上谈兵，却不动手，原来她是不会做的，为这一餐，特邀了她八姐来操持。她八姐是从她父亲那里学的这一手，她父亲则是胡长龄亲授。这样算起来，当日是胡长龄再传弟子治的席。她家老爷子我们拜见过的，是位有名的收藏家，镇家之宝是一紫檀大桌，死沉死沉，其大无比，抬起一角都吃力，据说这尺寸的，全中国也没几张。老爷子人极有意思，收藏成癖，"文革"时批封资修，再无收藏一说了，他还是忍不住，某次在杂货店里看到男性小解用的那种便池，觉得有意思，便收，一度弄了好多个堆着，家里怨声载道，却也奈何他不得。好收藏的人多半也好吃，并且经常食之不足，要自己动手。老爷子学做"炖生敲"，亦可见其在南京美食中的地位。实则好这一口的大有人在，文人食而眉飞色舞之余，还要形诸笔墨，后来才知道，我所供职的南京大学，已故吴白匋教授就是"炖生敲"的拥趸，有诗句云："若论香酥醇厚味，金陵独擅炖生敲。"

吴老是有名的美食家，见多识广，他说"金陵独擅炖生敲"之为南京专利，更是板上钉钉了。"香酥醇厚"

则正道出此菜的特点。那日它是最后登场的，其先冷盆热炒，尽有不俗者，却再也想不起——全因"千呼万唤始出来"的铺垫，合乎吃亦有道的讲究，以至我等目无余菜。

端上来是每人一碗，汤作茶色，有黑白之物载浮载沉于其间，黑的自然是袁才子讥为炭者，白的则是所谓"眉毛圆子"——可以视为肉丸之一种，类乎江南常见的鸡酥、鱼酥，只是全用猪肉，以形状似眉毛而名。当然，得是关公的"卧蚕眉"，若仕女细眉则远矣。鳝鱼与猪肉做一处，"大烧马鞍桥"已见端绪，那是焖，这里是炖汤，亦大佳。炒菜不算，煨炖之际，肉、鳝组合，看来也属定式。那汤因是鳝鱼油炸过后再炖，鲜香之外，别有一种"厚"。至于鳝鱼，味美之外，因有"敲""炸"两道工序，又加炖到了功夫，酥而含卤，竟是入口即化。大鱼大肉，还加油炸，应该"油"得不得了了，总体感觉却是腴而清。

众人啧啧有声之际，朋友的八姐，亦即当日大厨，终于露面，大家忙道辛苦。不是客套话，真是辛苦。不言其他，十来人之众，鳝鱼欲其鲜，菜场千挑万选后买回现杀，一条一条地敲，就是烦事。但她高兴，长时间不操练，没的把手艺荒疏了，有机会一显身手，乐在其中。像席间名厨登场一般，问味道如何，属题中应有，我们自然不吝赞美之词，唯有一人，居然大唱反调。那日因机会难得，我经申请批准后，乃是挈妇将雏前往。不知谁问到我女儿头上，她蹙了眉很干脆地说："不好吃！"真是煞风景到家，令我大觉尴尬。

她其实是喜吃鳝鱼的，只是独沽一味，非软兜不欢。说起来吃软兜要比吃上一顿"炖生敲"容易得多，因为许多餐馆都做，而"炖生敲"已是难得一见了。推想起来，还是后者费工夫的缘故。其实不仅"炖生敲"，凡真正功夫菜，大多已是式微了。店家赔不起功夫固是一因，关键还是食客没了细品的余裕。食而能辨其味，也是需要一份闲情逸致的。

结末要说点与吃无关的，即是鳝鱼的营养。"营养"而说与吃无关，似乎说不大通。然好吃的人说吃，大体上都只管味道，不问其他，谓其"大补"，又或现今时兴的列出营养成分清单，我总觉有为口舌之贪寻找充足理由的嫌疑。味道应属美学的范畴，因其超功利，妙在无目的，强调营养则是明确的目标，求其实用性。最大的实用性当然是治病，鳝鱼的药用价值被说得很玄乎，据说补血、补气，消炎、消毒、祛风湿……倒也不敢说是子虚乌有，但这是无法证明的。我见过以鳝鱼身上之物治病而又几乎立竿见影治好了的，是用鳝鱼血治面瘫。

不是吃，是敷在脸上。小时有一亲戚一段时间住在我们家，忽一日，嘴巴歪了，说话也变得含混不清，家人大起慌恐，赶紧上医院。医生看一眼就判了：面部神经瘫痪。让回家用一种什么药粉和上鳝鱼血涂敷在患处。当然是照办，大概过了十天时间，歪向一边的脸果然就"改斜归正"。我觉得很是奇妙。据说鳝鱼血是有毒的，那么当然是以毒攻毒了。究竟怎样，没人说得清。

我对此事印象深刻，主要还是因为此番治病要鲜血，鳝鱼必得买回来杀，家里人都没经验，推诿了很久，最后是父亲下的手，细节忘了，只记得起先是抓不住，其后是好像总也杀不死。再就是听说亲戚正在往脸上涂血，我一迭连声地让等一等，从院里飞奔进屋里去看。不想已经完事了，亲戚脸上巴掌大血红的一块，像是肿着。喘息未定之际骤然见到，有几分恐怖。

遍地开花酸菜鱼

　　川渝原本是一家，分了家也难分清，至少饮食上难分彼此。这上面重庆要吃点亏，除了火锅、小面，基本上名声为川菜所掩。川菜来头大，成体系，渝菜不成阵式，只能偶或以单兵冒个头；而传播这玩意儿绝对是趋炎附势的，身份模糊的，都是往川菜里归。比如酸菜鱼，直到现在，还是划在川菜的方阵里，据说其实是重庆人的发明。当然，所谓"菜系"的概念，大于行政区划，"淮扬菜"就覆盖了苏浙皖好多地方，以此而论，说酸菜鱼属川菜，也没错。

　　不论高大上，只论深入人心，可称为川菜象征的，大约是宫保鸡丁、麻婆豆腐、鱼香肉丝，你让人列举川菜名目，在过去，十有八九，得到的答案就是这几样。

现在恐怕还是如此，事实上就对各地饮食的渗透而言，我觉得酸菜鱼后来居上，在川菜中已可拔头筹了。地域不分南北，餐馆不分大小，菜单里不见酸菜鱼的，恐不多见。普遍到各地餐馆差不多视同己出的程度了，以至于网上有种种关于这道菜归属的发问：酸菜鱼是不是东北菜？酸菜鱼是不是湘菜？……

江浙只有咸菜，没有酸菜，有的话，没准也得问。东北人要问，因东北的餐桌上是常常要"上酸菜"的，只是此酸菜非彼酸菜，东北酸菜、粉条、猪肉啥的，才是老搭子。潮汕也有自己的酸菜体系，都不在鱼上做文章。四川菜谱里原本也没有酸菜鱼这一款，其来历说法不一，但有两点是肯定的，一是并非名厨的创造，二是出现的时间不早于二十世纪八十年代中期。现今已成南京美食代表的鸭血粉丝汤，九十年代以前也是没影子的，可称地方饮食的迭代产品。

没想到很快就风靡大江南北。我印象中"巴蜀人家"和"赖汤圆"是国营老派的"四川酒家"之外，川菜较早杀入南京的馆子，我等吃着毛血旺还颇觉新奇，不想没多久酸菜鱼的后浪就涌到前台。

酸菜鱼绝对是吃鱼史上的一场革命，它将很多不大吃鱼的人网罗到鱼跟前。饮食上若有性别之分的话，女喜好食鱼，男偏爱吃肉，恐怕要算一项。男性对鱼的有所怠慢，一是鱼刺多，吃起来费事，二是与肉相比，即使红烧，也显寡淡。酸菜鱼却把这两个障碍一并移除：只取大片的鱼肉，免去了剔刺的烦琐，酸辣的重口，令荤菜里偏于阴柔的鱼平添几分粗豪之气。于是吃鱼仿佛也能生出"大块吃肉"的快意，难怪能将对吃鱼最抗拒的年轻人也拉拢过来。

在过去，很难想象一伙男生吃饭，鱼能够成为主打，酸菜鱼的出现破了这个局，有相当长的一段时间，这成为男生聚餐的一大选项。说"主打"，意思是一顿饭，主要就奔着酸菜鱼而去。大学生一直是价廉物美的小饭馆消费的主力军，一时间，大学周边冒出了好多以酸菜鱼相号召的餐馆，我到现在都还记得大学扎堆的汉口路宁海路一带，足有不下十家这样的馆子在竞争。虽是一道看似没多少讲究的菜，吃的人也是有比较的，竞争之下，口味如何，自有分晓。我记得口碑甚好的两家，一是河海大学门口的"金良酸菜鱼"，一是上海路菜场那儿的"小爽酸菜鱼"，饭点上总是人满为患，占不着座抱怨着快快走开。这两家菜单像一般小馆子一样，几十样是有的，但其存在感绝对是酸菜鱼刷出来的，故在店招上要大张旗鼓，蓄意以偏概全。

印象里"金良""小爽"的老板都不是四川人。饮食的正宗，往往是要原生地的人掌勺来保证的，熟人里有四川人，吃了这两家的便称不够川味。但离经叛道的改良版酸菜鱼照样火，丝毫不因四川人的不以为然就失了路道。事实上地方菜要"出圈"，必要的条件就是本土化，到湖南，少了麻，在南京，麻辣减等，还有，辣也简化了步骤，野山椒替代了泡生姜泡椒。各地的酸菜鱼都完成了本土化，这道菜便在万千化身中获得"普世"的意味。

口味这东西，说到底就是个习惯，有意思的是，我有个已毕业多年的湖南学生，酷嗜酸菜鱼，他是读本科时好上这一口的，正值南京酸菜鱼热的第一波，也是"小爽"的鼎盛期。毕业后走南闯北，到南京必要吃上一回酸菜鱼，坚称别处的再不能比，就连四川也比不过。我怀疑是因当年口味定型才有这评价，他说不是，不仅是他，他的同学都这么说。在南大时的同学？我就呵呵了。

不知道各地的酸菜鱼是不是都火到南京这个程度，

二〇〇〇年以后，不管你住哪儿，不出一里地，差不多都能吃到。重口味容易上瘾，有段时间我常常从家门口一小馆里把一大盆酸菜鱼买回家去。它家是可以外带的，用铝盆装着提走，付二十元钱押金。押金当然可以退还，奈何通常是没有预谋的，总是回家经过时临时起意，大快朵颐过后，谁还惦着还盆这码事？结果到搬家时发现厨房里积了一摞铝盆。

买回来吃的好处是，不必坐在人声鼎沸的环境里，此外我还对残汤剩水恋恋不舍。川菜的善于调味，酸菜鱼也是一例。酸菜，加上泡椒泡生姜，是重中重，一般家里不备，关键是如此浓重的味道，作料得往狠里下，单是最后浇上去的那勺热油，自己下手时就不能淡定。既嘴馋又惦着健康，最好是假手于人，诿"过"他人，"罪"不在我，庶几心安。既食之，则安之，对那一盆酸辣汤，因势利导再加利用，也就管不得是否罪上加罪。我喜食猪腰，大而薄的腰片往里一汆，鲜嫩入味，一点不违和。汆猪肝想必也不差，却没试过。

我以为这因陋就简的酸菜腰片属于我的自创，直到在四川人开的外卖店里见到，才知英雄所见，难免略同。

在我看来，酸菜鱼做外卖，这是南京酸菜鱼前浪后浪的又一波了。大约五六年前的事，忽然间，街头巷尾，菜场周边，无数的小店冒出来。均是极小的店面，夫妻店、兄弟店，有的就是一人操持，专营酸菜鱼，无堂食，似乎大多也不是"美团""饿了么"那样网上下单，都是食客自取。工欲善其事，必先利其器。外卖酸菜鱼需要的一"器"，不是厨具，乃是大号的塑料打包盒。因此前用铝盆往家提溜过，深知打包盒的有无，干系非小：盆是无盖的，用塑料袋兜着，须摆放得平稳端正，一路回去，小心翼翼犹恐倾侧。有打包盒保驾护航，不能说实现了携带自由，至少是无须那么提心吊胆。而且它的一次性，也免了押金之类的麻烦。大号的打包盒大而深，大份的酸菜鱼装进去也从容得很——简直就是为它而设。故我以为区区此物，却是外卖酸菜鱼专业化的一个条件。

　　在南京，外卖酸菜鱼一时风起云涌，势头极猛。业主一水的四川口音。在菜市场常见到"重庆面条"的招牌，曾经大表疑惑：重庆面条有啥特别的？后来才明白，做这买卖的，大多是重庆人，南京的市场差不多被"垄断"了。据说大多沾亲带故，一个打先锋，站住脚就有跟进，拉扯着络绎不绝地过来，就像温州人在法国卖皮包、开饭馆。酸菜鱼外卖恐怕也是类似的乡里乡亲的联动。

外卖都是现做，得等，这时我会和店主聊两句，定淮门菜场边上一家的店主说，大行宫那儿的一家，是他亲戚开的，回龙桥一带有两家，一家店主是他一个村的，另一家是隔壁村子里人开的，还有不少，都知根知底。术业有专攻，目标明确，单打酸菜鱼，或是稍加变通，好在"酸菜鱼"是个框，一锅浓汁，不少东西都可往里装，荤素不拘。基本款是酸菜鱼、酸萝卜鱼，金针菇、粉条属标配。变通的则有肥牛、肥羊，猪肉、鸡肉，腰子也在其中，可称开发周边的衍生产品。反正套路是一样的，熬好酸汤，上了浆的大片子往里氽，最后是煸香了干辣椒、蒜末的一勺熟油。

我最熟的一家稍有不同，店主初到南京是奔着开餐馆来的，也开张了，雇了十几个人，有一阵挺红火，周末晚上还排队。但过一阵就凉下来，有一搭没一搭的，算算租金、开的工钱便心惊肉跳，最后关了店不当老板，自己给自己打工，好歹卖一份赚一份的钱，无须开店须拥有的"大心脏"。他家除了酸菜鱼，还做水煮肉。

有次前面有人要了份水煮肉，得等，边等边看店主做，忽然悟到"水煮"与酸菜鱼不无相通处。

川菜分为白味、红味，水煮肉属红味，酸菜鱼属白味，似乎毫不相干，但换个角度，从烹饪方法的角度说，后者未尝不可看作一种白汤的"水煮"。"水煮"在川菜中自成体系，水煮肉，水煮鱼，水煮牛肉……不以"水煮"名的毛血旺，在我看来也在水煮的延长线上。此"水煮"是自定义的，从字面上根本看不出麻与辣来，让人联想不是浓汁，水为介质，应是偏于清淡的，事实上和酸菜鱼一样，因有郫县豆瓣酱打底，更是重口。一样的炒料做底汤，一样的最后大量的熟油，其精华都是上了浆的片状物往汤里余，讲究的都是嫩。不是汤——汤不是让你喝的——却是汤汤水水一大盆；汤汤水水，却有炒菜的香，且又仿佛浓油赤酱起来。非炒、非炖，亦非一"煮"字了得，鲜嫩与浓厚俱得，实在是一种复合性的烹饪，另地未见，堪称一大发明。

四川人做鱼，通常要放泡菜的，尤其是泡生姜泡辣椒，这才导出了并不见鱼的鱼香肉丝，发扬光大，再将"水煮"的套路——酸菜鱼的诞生，与"水煮"的传统或许不无关系。

这一波酸菜鱼热，初时经常要排队，新鲜劲过去，退潮却也快，快到不多时不少小店就消失了。对南京人而言，毕竟不属家常菜性质，并非盐水鸭烤鸭那样的刚需，而且虽有打包盒加持，狼犺的一大家伙，稍远点自提就不便。关键还是大举袭来，势头过猛，最盛时感觉小店密布，简直要与鸭子店齐飞了，内卷于是不可避免。酸菜鱼原本是薄利的买卖，外卖更甚，一大份不过三十来元钱，没有量的保证，很快就撑不下去了。

　　虽是如此，却不意味着酸菜鱼在南京已然降温，大浪淘沙，减员过半，外卖的集团冲锋退去，酸菜鱼的全方位渗透却无所不在。一路是在玩"下沉"，打入到快餐的方阵，对只求果腹的"干饭人"，一份酸菜鱼一碗饭，一顿饭就给办了，就"下饭"而言，比起许多盖饭，更有优势。

　　另一路是往高大上里去，到像模像样餐馆的菜单上站定一个位置。酸菜鱼本是粗菜，食材平常，草鱼、青鱼这些拿来食"肉"的，在鱼类里皆属中下层，不要说比不上鳜鱼、白鱼，黑鱼、鲫鱼也不好比，在江浙就是做熏鱼或炒鱼片、瓦块鱼的命，清蒸或其他细致做法的待遇是享受不到的。酸菜鱼刚亮相时，乱头粗服，与苍蝇馆子的不事修饰很是搭调。渐渐地就升堂入室，较体面的餐馆里，堂而皇之，即或不算荣登大位，也是有头有脸的。

"原始"的酸菜鱼鱼头、鱼骨并不舍弃，同水煮鱼一样，在底汤里面熬煮，与未加拣择的酸菜做一处，难免看相不佳。升级版的酸菜鱼去粗取精，只用片去鱼骨的肉，从鱼片到熬治酸汤，俱各加精。刀功讲究上了，片得很薄，不像鸡毛小店的"厚切"，大片的鱼块。上浆也上得薄，把着火候，一汆即得，鱼肉刚刚断生，犹有弹性。熬汤的讲究首在酸菜，街头的酸菜鱼，酸度常是加白醋而来，好比勾兑的白酒，可以速成，与全取酸菜发酵熬出来的酸味，毕竟不同，前者酸在表面而飘，后者则自有一份醇厚。

既是汤汤水水，自与摆盘无涉，然上得厅堂，看相上也不能将就。有的店家要与寻常酸菜鱼划下道儿来，号称"金汤酸菜鱼"，黄澄澄的汤汁中白嫩的鱼片载浮载沉，煞是好看。所谓金汤，有人说是南瓜蓉着的色。吃过不止一次的一家，无"金汤"之说，亦有"金"色，"黄"得透明。"艾尚天地"新冠疫情期间新开了一家"胡集酒肆"，看店名也知道是西域风味，居然也把酸菜鱼当一道硬菜，食具的夸张加上金黄一片，灿然夺目。我觉得金黄一部分是菜油自带，又加菊花瓣点缀其间，灿黄的花瓣与红艳的干辣椒相映发，油炸过的蒜粒与白芝麻星星点点，鱼片出没其间，的确令人食指大动。

"下得厨房，上得厅堂"——在能上能下这点上，酸菜鱼有点像南京的小龙虾。小龙虾的吃法原也粗放，属大排档、苍蝇馆子的画风，不道后来摇身一变，变成席面上的一道硬菜。南京菜最为外人所知的，仍是盐水鸭，但以其资质，只能充当冷盘、前菜的性质，小龙虾则有可能占据C位。酸菜鱼亦如此，真正是"丰俭由人"，小份的，中份的，大份的，量可以往上叠加。鱼香肉丝、宫保鸡丁、麻婆豆腐这些川菜的口味担当，以其炒菜的性质、分量，都不具备升格为盟主的潜力，只能屈居下僚，哪像酸菜鱼，入得席来，总是超大夸张的器皿端上来，单看声势即有一份隆重，不是头牌也足以号令一方。

是不是所有地方酸菜鱼都像在南京那么火爆？却也未必。有个朋友言之凿凿地告我，酸菜鱼在苏州、上海也火得一塌糊涂，我总有几分存疑。因南京人在饮食上也是亦南亦北，颇能接受吃上面粗豪的一面，苏州、上海是典型的南派胃口，吃鱼有一定之规，讲究的是清水芙蓉的原汁原味，精神上与酸菜鱼重口的路数是相悖的，至少资深的鱼类吃家是如此。

我有个爱吃鱼的朋友即对酸菜鱼不屑一顾，整条的鱼在他才算吃鱼，清蒸最好，酸菜鱼哪能算？我在吃上面大体属于兼收并蓄的类型，清蒸白鱼，我所欲也；但酸菜鱼是不可替代的，亦我所欲。

是早点，也不全是

美龄粥

　　"酒香不怕巷子深"的说法早过时了，现今的商业，拼的是营销。营销有各种招数，包括讲各种故事。讲故事，似乎要以与饮食相关的最是好讲，因为门槛低，而且营销对象也乐于参与。美食故事，大多是"因地制宜"的，最好与一地的历史、风土挂钩，比如在南京，"民国"就是一枚上好的标签，在饮食上演绎民国风情，不仅属题中应有，似乎还责无旁贷。

　　"1912街区"曾经有家餐馆，包间都以"励志社""兴中会""同盟会""华兴会"等国民党前身的组织命名，菜单上我还记得有"少帅红烧肉""子文排骨""大千腐皮"……甚至还有戴笠什么的，总之知名度高，有传奇色彩的人物都往里编排。后来又有一家，

"民国"得更是夸张，除了女服务员戴船形帽，着"国军"军服之外——一般而言，这是过去电影里女特务的刻板形象，餐厅里接待客人，为何要一身戎装？——只记得有一道大菜唤作"总统鱼"，上桌时有扮成蒋介石的人长袍马褂地出现，操浙江口音演讲几句，最后以"革命尚未成功，同志仍须努力"做结。弄巧成拙，让人哭笑不得，应了现在的一句网络语：只要自己不尴尬，尴尬的就是别人。

先后出现的两家店都倒了，可知营销不可过度，仅靠噱头是撑不起一家店的。"子文排骨""大千腐皮""总统鱼"之类，也随之烟消云散。"少帅红烧肉"偶或还出现过，不是在天津就是在沈阳。我还出于好奇点过一回，同南京所食全不相干。可知"少帅"不过是随便拿来修饰各地红烧肉的，属"涉笔成趣"的性质，只不过是恶趣。

倒是有一道同样以民国人物相号召的甜食，并不见于这两家的菜单，算是饮食民国风大潮退去后的"幸存者"，看样子还有望沉淀下来，成为金陵美食中新增的成员。我说的是美龄粥。

回溯起来，美龄粥出在南京，不为无因。喝粥最讲究的不是江浙，是广东，从最寻常的皮蛋瘦肉粥、艇仔粥到鲜虾粥、鲍鱼粥、蚝粥，花样百出，但都是咸粥。江浙一带的人似乎不习惯在粥上面搞名堂。早点摊上，与豆浆、豆腐脑、小馄饨一起，可称为"干湿搭配"之"湿"的一大选项的，是不掺杂别物，没有任何味道的白粥。南京人更习惯的说法是"稀饭"，据说粥和稀饭是有区别的，简单说，稀饭煮的时间短，仍是"饭"，米粒的形状犹存；粥熬的时间长，填熬到米粒遁形，浓稠近糊状。但南京人似不做这样的区分，粥与稀饭混着用，可以彼此替代。

一碗稀饭，配点一小碟腌菜，简无可简了，却还是饭、菜分治，清淡，清爽。广东的甜品称"糖水"，糖水里似没有甜味的粥。苏州传统小吃里，倒有一种"糖粥"，是加了糖的稀饭与豆沙分别烧好之后的混合。南京有糖粥藕，未闻有糖粥（虽然也偶在早点摊上见过甜稀饭），但家里会吃糖稀饭，无须特别操持，现成的稀饭加一勺白糖，就成了最朴素的甜羹，变化是，不是当饭吃了。我小时候，白糖都供应紧张，一碗糖稀饭，也可以是令人向往的。

虽然有高低之分，贵贱之别，我觉得把美龄粥看作糖稀饭的延伸或升级版，亦无不可。撇开了山药、枸杞这些添头，美龄粥对糖稀饭的点化之功，全在以豆浆替代了水。不得不说，这是很需要一点想象力的。豆浆拿来煮稀饭，有点不可思议，越界的嫌疑大大的。若是在家里有人提议这么干，我想大多数人的第一反应可能与我差不多：这不是瞎搞吗？就像我们最初知道西餐的许多菜里会加牛奶，广东人煲的汤里有玉米。此种反应的来由说简单也简单——从来没见过。豆浆是豆浆，稀饭是稀饭，从来如此。

开脑洞的往往是厨师。据说创制这道粥品的是宋美龄府上的大厨。说是蒋夫人有段时间食欲不振，吃嘛嘛不香，厨师便挖空心思想辙，用大米、豆浆等食材熬成一锅粥，宋美龄吃了胃口大开，此后便成为心头好，豆浆煮粥遂成定制。后来这做法传到了民间，就有了"美龄粥"。又有说宋美龄特注意身材，这不敢吃那不敢吃，厨师于是发明了这款粥。就是说，美龄粥起于蒋夫人的身材焦虑。这粥不单开胃健脾，而且合于身材管理之道，兼有养颜之功。

和许多美食故事一样，说得有鼻子有眼，却怎么都像是一个传说，唯其像传说，就更是广为流传，添油加醋地传。套"莫须有"的断案，未必"事出有因"，肯定"查无实据"。顺便说说，杜撰"少帅红烧肉""子文排骨""美龄粥"之类的名目也是有点讲究的，要者须大致符合"想当然"的对应原则，比如红烧肉安到宋美龄头上就不合适，反过来那道粥算到张学良名下，似乎也差点意思。

传说之为传说，恰在于它是无法订正的，事实上也无须证实，反正一道美食的成立，故事只是花絮的性质，美味才是硬道理。

豆浆代替水，的确称得上一大发明。日料里有豆浆火锅，记得还吃过一种拉面或乌冬面，汤底混和了高汤与豆浆，色白浓稠。当然都别有风味，只是因多种味道的混和叠加，豆浆本身的豆香奶味和一丝清甜反倒隐而不彰了。美龄粥是把米下在豆浆里煮，米与豆浆，全程对话，米香与豆浆的味道融而为一。当然美龄粥里还有山药、枸杞。山药参与的是增稠，是绵密的口感，有烘云托月之效，对豆浆稀饭的基本味一点不遮挡。枸杞的存在则更多是基于视觉的理由。不过说看相的话，我觉得美龄粥最可人处不在枸杞的几点红，而在米浴在豆浆的奶白色中，一粒一粒被衬得透明，让人想起青花米粒透光碗，有一种玲珑之感。

我头一次是在"南京大牌档"吃的，现在凡突出民国元素的餐馆，几乎是家家跟进了。因为是大餐馆起的头，美龄粥似乎一直在高处，仿佛就该是高端餐饮的一部分（虽然它食材寻常，做法简单，在家里自己就可炮制）。但是前些天我在明瓦廊一家早点铺里不期而遇，与之为伍的有小鱼锅贴、卤蛋。这有点走向街头的意思了。从哪方面说它都可以成为南京的平民化食物——不就是豆浆稀饭嘛。

绑定皮肚

"××一身都是宝"是汉语里常见的表述，用以强调某物的多种用途，要物尽其用的意思。葱的一身都是宝；橘子一身都是宝；老虎一身都是宝；鹿的一身都是宝……这部分能干啥，那部分有啥价值。扯到药用价值，就更是玄乎，一般人很难了然。但若是说"猪的一身都是宝"，我们却很能理会得。从头到尾，从里到外，猪身上没有什么是我们肯舍弃的。"头""尾""里""外"不是笼统言之，是可以一一坐实的。相对受到忽略的是"外"，即猪的皮。猪皮可制皮革，毛是做刷子的好材料，但猪的存在，让我们首先联想到的，必是吃，那么且说吃。

中国人的饮食中，猪皮的存在感一点不低。各地红烧肉的做法千差万别，用带皮五花肉却是铁律，红烧肉不带皮，略等于耍流氓。蹄髈，不管红烧、卤制，还是煨汤，不带皮简直难以想象。南京小笼汤包，肉皮要熬成肉皮冻入馅，蒸熟时化为汤汁。但肉之不存，皮将焉附？就算不可或缺，不免还是肉的附庸。在我看来，猪皮变身皮肚，才算是发扬光大，独当一面。

皮肚即是油炸的猪皮。却不是剔除肥肉成为纯皮后下油锅一炸了之。先须水煮，晾到干硬才拿来炸，初时是温油软炸，最后才滚油炸透。炸出来有几分像膨化食品，金灿灿周身泡泡，从口感到味道堪称巨变，不知就里，很难指认前身。

“皮肚”这命名也容易让人跑偏。炸猪皮各地有不同的叫法，苏州叫氽空肉皮，也有叫干肉皮的，虽然也不那么准确，至少是知其为“皮”，在我看来，恰恰是一统江湖的通用名“皮肚”，最是莫名其妙，不知所云。我原以为是猪肚的别称：牛肚毛糙，人称毛肚；猪肚光滑，也皮实，那么与毛肚对举，称为皮肚，似乎也说得通。哪知完全不相干。还有一样让我困惑的是鱼肚，其实是鱼鳔，一看便知是呼吸器官，焙制晒干之后却被叫成了“肚”。

猪肉皮并不单是中国人吃。我知道的，美国人会油炸了吃，在超市卖，一小包一小包，当零食。比起来韩国是食猪肉大国，猪皮吃将起来，就更顺理成章。名气大的是烤猪皮，街头常排队，但那其实是连着些肥肉一起烤的。纯粹的皮，且较传统的吃法，是凉拌，煮熟之后韩式辣酱一拌，拿来下酒。

首尔这样的地方，买菜已经超市化了，去到传统市场，便能看到处理得干干净净的猪皮，叠成一方一方在卖。拌食的吃法，似乎已然式微，风靡的是辣鸡爪，一样是辣酱拌食。菜市场堆积如山的鸡爪煞是壮观，比起来猪皮很容易被忽略。不像我们的皮肚，经油炸而发扬光大，挂起来一大片黄灿灿，大张旗鼓的架势。

皮肚到处都有，吃猪肉处，都行得通，没有地方的畛域。不过真正大张旗鼓吃起来的，似乎还是江浙一带，南京肯定要算一处。自媒体上有人以自媒体式的夸张，"鸭都"之外又给南京贴了张标签，叫作"皮肚之城"。南京人是不是都能像认盐水鸭烤鸭一样认下皮肚，当作本地美食的象征，是个问题。撇开这一点不论，如此抢占皮肚高地，淮安人恐怕首先就不答应。皮肚现今是被当作淮安特产的，包装成礼盒，打着地方戳记。淮安是产地，天南海北的皮肚，大多从这儿来，大闸一个镇，产量就以万吨计。

还是发祥地，据说二十世纪八十年代，几个农民到肉联厂买猪头，发现厂子里肉皮堆积如山，售价极低，因无人问津，腐烂了就只能当肥料，他们便集资买下四吨，油炸之后出售。不想后来就形成一个产业。照此说法，皮肚资历有限。不过我有几分怀疑，模模糊糊记得，七几年父亲一老战友来看他，便带了些皮肚，他是下放到淮阴肉联厂的。倘我记得没错，皮肚的历史就当往前推了。

肉皮变身皮肚，才有了皮肚做成的菜。不管餐馆里还是家中，过去皮肚在餐桌上抛头露面的机会实在不少。淮扬菜里，既属家常菜又是名菜的，三鲜皮肚肯定要算一个。三鲜者，皮肚、笋片、菜心而已，要用鸡汤、高汤去烩，还会放点虾米或虾籽，清爽鲜咸。烧杂烩、六合头道菜，皮肚都要出场的，路数大差不差，都是烩。

肉皮本身没什么味道，油炸过后还是如此，却松松泡泡，特别能充当味道的载体。烩菜多汤汁，烧煮之下，皮肚吸得汁饱，咬一口皮肚，汤汁挤出，满口流溢。其实经油炸的豆腐、面筋有类似的存蓄汤汁的功效，吃时必要沾汤带水，始觉有味。皮肚质地不同，炸后周身隙窍，更其蕴蓄满满，而烩得不太过，像三鲜皮肚，最后还勾芡，软而不烂，载味之余，尤能保持一定程度的硬挺，口感上很有些特别。

这些年在餐馆里，皮肚似乎有点边缘化了，农家菜里仍有一定的出镜率，上档次的地方，则已很难现身。餐饮在迭代，皮肚显得低端了，至少厨师还没想出精致化的招来。另一方面，皮肚倒是在南京的面馆里坐大，生生地弄出一款"皮肚面"来。

凡南京本地的面条店，莫不以"皮肚面"相号召。将南京与皮肚绑定，几乎百分之百要着落在皮肚面上。所谓"皮肚之城"，其实是皮肚面之城，不妨说，皮肚在南京的存在感，大半是皮肚面刷出来的。

有南京特色的面条是小煮面，皮肚面则几乎成为小煮面的代名词。皮肚面里并不是只有皮肚一样，照"三鲜面""五鲜""七鲜面"之类的说法，皮肚不过几鲜当中的一鲜，但是至少从命名上，其他荤素加一起，都只有给它垫背的份，青菜之类不谈，鸡蛋、肉丝、腰花、猪肝都是可以独当一面，称鸡蛋、肉丝面、猪肝面、腰子面……但只合出现在菜单上，唯有皮肚，可在店名上招摇："××皮肚面""大碗皮肚面"在南京的街头巷尾，屡见不鲜——九九归一，都到皮肚的旗下，倒好像南京本地的面条，都靠皮肚罩着才有的混。

不就一肉皮吗？好皮肚的人却是有讲究的。最绝的是鉴貌辨色外加一番咀嚼，能道出炸皮肚的猪皮原属哪个部位：脊背上的皮是上选，肚腩那儿则不足取。我食皮肚段位太低，干得透、炸得透便觉满足，"还原"的功力，是再没有的。

南面北面

　　"南粉北面"的说法可以说是"南米北面"的延伸，还是指向北方人以麦为主，南方人则主打稻米这一事实，只不过是在稻、麦磨成粉做成条状物这个前提下的再加区分。不论做成面条、馒头，还是各种的饼，麦子大多成为面粉后再加炮制，甚少粒食；稻米通常"生米"不待粉碎，直接做成"熟饭"的时候为多，似乎是典型的粒食之物，但南方不少地方，喜将其磨成米粉再来食用的，年糕、各种糕团、米饼，还有米粉，都是。与"北面"对举的"南粉"的"粉"却不是一概而论，就像"北面"专指面条而非泛指所有面食一样，"粉"乃是专指条状的米粉（云南称米线，广东称河粉，潮汕称粿条）。

这说法很容易产生误导，以为米粉在南方是全覆盖的，事实上并非稻米之乡便一定米粉通吃。两广、云贵、湖南、福建，诚然是米粉大行其道，江浙、湖北、安徽这些地道的水稻大省，吃米饭才算吃饭的地方，过去米粉大体上是没地盘的，四川紧挨着云贵，吃米粉也绝对非主流。以浙江而论，似乎只有靠近福建的温州一带，才有吃米粉（当地人称作"粉干"）的传统。南京是江苏省会，再往前还是首善之区，南北交会之地，饮食上兼容性极强的，不仅本土不见米粉，很长时间，亦未见真正能够立定脚跟的"入侵"。九几年时我发现了一家专营贵州米线的小店，一吃上瘾，搬了家还常大老远跑去就食，不仅是他家味道好，还因为米粉到那时在南京还是稀罕。这些年各类米粉都来抢滩，过桥米线、蒙自米线、炒河粉、桂林米粉、南昌拌粉络绎登场亮相，柳州螺蛳粉以其重口味，更有后来居上之势，似乎星星之火，已然燎原了，事实上却还是聊备一格的性质。到那些有米粉传统的地方，看当地人如何视米粉为"家常饭"，日常对米粉的热衷，比如湖南人对"嗦粉"的一往情深，你就知道，南京人即使声称好这一口，也多少有换换口味的猎奇性质。

少食米粉并不意味着对条状食物兴趣有限，可能会让北方人讶异的是，江南人对面条的钟情程度并不比北方人低多少。以我所见，江浙一带，面条店要比米粉店多得多。武汉出名的是热干面，不是什么粉，四川的担担面闻名遐迩，远过于所有的粉（比如绵阳米粉）。就此而论，"南粉北面"的说法是不成立的。"粉"有地域性，"面"可称举国体制，与其说"南粉北面"，不如说"南面北面"——虽然都爱吃面条，南人与北人的兴奋点，大大不同。

北方面条的花样太多了，各地都有自家的招牌，说哪一地可为代表，众皆不服；而南派面条的代表，我想是苏州面。不到苏州，很难想象当地人对面条的酷嗜。说到苏州美食，一般人不会列举到苏州面上去，因其显然不属"荦荦大者"，可是对老底子苏州人而言，日常饮食当中缺了面条是不可想象的。陆文夫小说《美食家》里写男主人公早上起来要赶"头汤面"，那当然是馋人的境界，一般人到不了这地步，但一碗面条当早餐，在苏州的确相当普遍。几年前在苏州小住，一大早外出轧苏州人早饭的苗头，发现大街小巷，三步一岗五步一哨，遍地面条店，价廉物美的焖肉面，据说肉价高企是要限供的，稍微迟点就吃不着。苏州人因吃面的讲究，甚至发展出一套类于江湖切口的专门用语，比如"重青/免青""红汤/白汤""轻面/重面""宽汤/紧汤""单浇/双浇"……还有个发现：北人常笑话南人的量小，从菜肴的量上看，的确如此，但苏州人的一碗面条，可是扎扎实实（至少和南京比是如此），以至于我都有点怀疑：他们吃起面来饭量就长了吗？

我于南面北面，一直没什么概念，上大学之前，唯一的记忆就是在新街口有家晋阳面馆，在那儿吃过一回刀削面，除了留下一个"好粗"的笼统印象，再无别的。头一次有人给我面分南北的提示，是在舟山体委招待所里遇到郑州大学一哥们儿。都是骑车旅游，不期而遇。天南海北地瞎聊，不免就说到吃。他是典型北方胃，不习惯米饭。我说，南方到处有面条啊。这个我是有发言权的，穷学生旅游，下不起馆子，此前遍游浙江，到哪儿饭食的基本款都是面条。不道不说犹可，一说到面他立马就显出不屑的神情：那也能算吃面？！接下来便是历数南边面条的种种罪状。要点有二，一是太细，没筋道；二是没什么菜，不像北边的亦菜亦饭，光是面，怎么吃？

第一条暂且不辩，第二条我以为他绝对错了。莫不是他吃了阳春面便以偏概全？阳春面又称"光面"，的确是酱油汤葱花猪油之外，啥也没有。现在面条店里似乎已没了阳春面的踪影（想来是利润太低），剩下在宴席终了之时充主食了。当年在南大工会小吃部，可是要排长队等候的。但阳春面只是南面的一种，江浙一带，更常见的是带浇头的面。我向他历数种种的面条浇头——怎么能说没菜呢？他一口咬定，那不能算，不仅是量多量少的问题。（那一小撮叫个啥呀？）

　　要是到后来在吃面上见多识广了，我就要驳他，北边的臊子面，"臊子"不就相当于南边的"浇头"？当时却是被他的气势所慑，只有听他渲染北边面条的如何又是菜又是饭，吃一碗烩面，如何不仅管饱，还有吃南方面条再不会有的稀里呼噜的痛快，完全没有申辩的份。而且我随着他调动想象，当真就觉得我们虽汤面亦"稀里呼噜"不起来，他们即使拌面、炒面，也能吃得虎虎生风。这其实不是吃面时的发声问题，而是一个风格的问题。在他的形容之下，仿佛和南面北面本身的特性打成了一片。

　　这一番对南派面条居高临下的冷嘲热讽，倒开启了我日后持之以恒的南面北面比较观。那哥们儿说的第一条是无可辩驳的：北派的面条就是筋道，就面条论面条，北方的面占有绝对的优势——各有各的讲究，取向不同，北方人吃面的讲究，首先落在面条上。一事但凡讲究，必是内部有诸多外人不察的门道，比如外人只知北面筋道，这一条却只是其底线，起码的要求。筋道和筋道是不一样的：刀削面是刀削面的筋道，扯面是扯面的筋道，拉条子是拉条子的筋道，饸饹面是饸饹面的筋道，吃多了，口感上的不同自不难体会。

就因看重面条本身，北面常以面条的制作方法来命名或区分。突出的正是面的种类特性。饸饹面是从洞眼里压出来的，刀削面一如其名，是从面坯上一刀一刀削出的长条，扯面是扯成裤带宽的面皮，拉条子拉出筷子粗……面条的定性构成中心词，"蘸水""油泼"涉及的是烹饪调味之法，并不透露"菜"的内容。因造出怪字越发名声大振的Biang Biang面，就用的面条而论，是扯面一路，我怀疑其得名是从拉伸时往案板上摔打而来，Biang Biang乃是象声，还是从制面上着眼。不像南派面条的命名，多着眼于浇头，苏州面里，"焖肉面""熏鱼面""鳝鱼面""三虾面"……都是这路数。

南京的皮肚面，雪菜肉丝面，三鲜面，也是一样。"三鲜"听上去有点含混，指向"菜"却毫无疑问。要说命名是为了便于"顾名思义"，那这里都是往各自的重点上"顾"过去的。

吃上面的讲究，彰明较著的，不外口感与味道两端。若说北方人重口感，南方人重味道，肯定是把两边都给得罪。不过在面条上，此说也许大致可以成立。筋道即是口感上的要求，倒也不是说南边的人口感上一味将就，南方虽也有手工的面条，比如鱼汤小刀面就是，主流却是机制面，北方人的眼里，一为机制，便无足观。据说即使是现在，西北人家，稍有点年纪的人，仍能在家自己从和面揉面开始全程DIY面条。跟擀饺皮一样，这是厨艺的一部分，属基本技能。南方人的厨艺里没有这一项：厨艺从和面开始？有点不可思议——费那么大事，似乎不值。但北方人没觉着多费事，驾轻就熟，也就寻常。一如北方人看苏州人自己在家里"出虾仁"看得头大，苏州人则浑若无事。这是一个熟能生巧的问题，也是一个值与不值的问题，后者具有导向性，筋道一为"刚需"，就算费时费力，也不在话下。

事实上南方人吃机制面对口感也不是轻言放弃的，

只是讲究的余地不大，左不过是把面条下得硬一点（苏州人所谓"宽汤，硬面，重浇头"的吃面要诀可为明证）。硬面的要求是刚刚断生，迅即捞起，说是"断生"，其实面条芯子里还带着点生，熟透了很难保证硬挺。北方的面条对火候的要求宽容得多，没有那种仿佛千钧一发的急迫，时间长点不至于烂，短点也不会生，因面坯揉压之下已然"熟"了。

北方的面条通常都来得粗，不必说刀削面、拉条子，就是较细的兰州拉面，以南方的标准，也绝对是往"粗"里去。粗到一定程度，筋道才有所依凭，你很难想象一碗银丝面能吃出筋道来。银丝面细如发丝，江南人津津乐道，北方人我估计是难得其妙。南边也有手工的粗面条，比如成都名小吃甜水面，论粗细要追上刀削面了，但那属于"非常道"；常见的担担面，还是归于机制面；重庆的小面、宜宾的燃面也一样，出名都是因为调味，不在筋道。

粗，而且不匀，上下不能一般粗细，见出手作的痕迹，北方的面条因此透出浑朴的原生态，使笊篱从锅里捞出，看相上没法保证。面条里要数注重看相的苏州面最有范儿，苏州面的范儿却必须是机制面，一样粗细，兵贵神速，堪堪断生，光滑无黏滞，清清爽爽，使大长筷子挑出来，一筷子下去不多不少一碗的量，左一右一下，铺排在底汤里，如梳理整齐的发型，一丝不乱。似乎也就是苏州人对此尤有要求，堪称面条党中的视觉系。

北方人对南派面条的有面无菜之讥，似乎在川人那里最能落到实处，担担面、宜宾燃面即使算有些许臊子点缀，的确不可以"菜"论，重的是调味，令面条成为味道的载体。而苏州面在"菜"上面其实相当讲究，一间像样的苏州面馆，可以有几十样浇头供选择，苏州人若标榜自家面条的优越，最能"凡尔赛"的一条，就是浇头的花样百出。大多是事先做好，有单一型，有复合型，什么"单浇""双浇"，来口面条，吃口浇头，喝口汤的吃法，面菜分离，若是来个"过桥"，更像是外挂了，哪里像北派吃面时亦饭亦菜的浑然一体？

这不仅是一个菜量多与少的问题。前面说过，西北的面谱上，都是以面条的制法来命名，其实配合什么菜，吃惯了的人自有分晓。现今什么都在升级、迭代，什么面配什么菜，各家也有变通，但具体到某家面店，还是有一定之规。我常去的一家西安面馆，油泼扯面，炒在一处的是豆芽、土豆片、菠菜或青菜，滚热的油泼辣子浇上去；Biang Biang面的菜码似乎是几种面条浇头的全家福：腊汁肉、番茄鸡蛋、油拨扯面的配菜，分而治之地堆在面条上，颜色对比鲜明，像是几味的拼盘；拉条子配菜最是丰富，猪肉或羊肉片外，番茄、洋葱、青红辣椒、胡萝卜、芹菜、包菜……我觉得新疆常见的蔬菜全下去了，一顿爆炒。不管汤面、拌面，还是炒面，吃时首先就是拌，令面菜合一，典型的北派面条不喜南边大肉、大排、熏鱼之类的大块浇头，面菜的一体化易于完成，可保稀里呼噜的食面过程一贯到底，绝无中断。

南面北面各是各的味，吃起来也是不同的画风。北派如论者说东坡，"关西大汉，执铁板，唱'大江东去'"，南派如说柳词，"执红牙拍板，唱'杨柳岸，晓风残月'"。有个朋友是苏州人，却颇能欣赏北方人吃面的酣畅淋漓，以她之见，西北乡间，捧大海碗蹲在家门口，宽粗面条呼噜有声，吃得满头大汗，最是过瘾。我怀疑这是从影像所得，后面是典型的观光客看风景的心态，轮到她自己，必是画风陡变。我在苏州的面馆里吃面，印象最深的是上年纪的老头，一口汤一口熏鱼一口面，慢条斯理，啧啧有声，很是陶醉，吃面几乎吃出了咂酒的境界。

南面北面，对比鲜明，反差强烈，南京就像其不南不北、亦南亦北的地理位置，恰好夹在了两者的中间。南京本地的面条，观其相，似南面，与苏州面一样，同为机器面，基本是汤面（炒面也有的，一度还是炒面、汤面并举的局面，一款汤面必有对应的炒面，但渐渐地汤面就占了绝对的上风），过去只有夏天卖的凉面是拌食。以浇头面而论，像是苏州面的粗放版，不过自具面目的，似乎是小煮面。我觉得叫"二煮面"更合适，因面条下到清水里煮一会儿，捞起后还要投到另一尜荤素的锅里再同煮一阵才算竟其全功。我不能接受的正是这一点：面条因"二进宫"，又不想过烂，要保持一定的硬度，结果里面未断生，外面已黏糊，不像苏州面，捞起后即铺排在虚位以待的汤底中，下面的一下既讲究速战速决，又不与下面的汤做一处，尤能保持面条的爽滑。

比起苏州人看重面条的看相，南京人吃面更讲究实惠，吃起来更带北方人的粗豪。这一点，也见于南京人对异地面条的选择。北派的面条有不少在南京都火过，兰州拉面曾在九几年火过好一阵，其后又有刀削面的跟进，这几年"西安特色面馆"四处开花（号称"西安"，其实并不限于一地，感觉是把西北面条的主流品种给收编了，山西刀削面、新疆拉条子，尽皆有之），几乎是和本地面馆分庭抗礼的局面。苏州面馆一直是有的，从"松鹤楼"到"朱鸿兴"，与"西安"相比，往往还显得高端，甚至还开到五星级宾馆里去了，比如滨江希尔顿的"裕兴记"。但似乎一直不温不火，大多数持续的时间都不算长，过一阵就偃旗息鼓，你唱罢我登场，前赴后继，也只是一个"维持不坠"的局面，不像"西安"，硬是星星之火而成燎原之势。

或者苏州面对南京人而言还是显得过于温文尔雅也未可知。

小笼包

　　有些食物的命名，与其"内容"（主料、辅料）全不相干，倒与盛放、烹调所用的器具有关，比如罐罐鸡，砂锅面，只知其一，望文生义起来，对其色香味全无概念。"小笼包"之名，也是如此。"小笼"不过是说蒸包子的笼屉形制较小而已，小笼未尝就不可蒸大包，我就见过有些铺子里做大肉包，笼屉未见得就大。是知所谓"小笼包"固然是小笼蒸出，从小笼里出来的，却未必都可称作"小笼包"。

　　即使我们做些限定，规定包子的大小，一两面粉只做四或八只包子，一笼不得超于此数，"小笼包"之名，还是来得含混。不同地方的人说到小笼包，可能"所指"全然是两回事。尚有粮票的时代我去成都，发现名列成都名小吃的"龙眼包子"与南京的小笼使差不多大小的蒸笼，也是一两粮票四个，以为无异了，吃到口里才知不同。原来包子皮用的是发面，发酵过的面蒸出来，皮自然厚些，面里还掺了些少糖和油。吃小笼包而对其皮的印象大过于馅，那似乎是头一次，居然吃出香甜来。"龙眼包子"里面是没汤的，我们所谓"小笼包"都用死面，不知与那包汤有无关系，照我的推想，死面密实，油汤不易透入，用发面说不定就给吸干了。广东早茶用的笼屉似更小巧精制，叉烧包之类，照上面的命名方式，也该称作小笼包，其所用为发面，一看便知。杭州的小笼包较南京花样多得多，以其馅料花样百出也，记不得发面还是死面，其意不在"汤"，则与"龙眼""叉烧"同慨。

所以若要显其特质，南京的小笼包就该称作汤包、灌汤包才是，否则便"泯然众人"了。此无他：南京人吃小笼包，所图者全在那口汤，小笼包的高下之判，有一重要标尺，也就在汤含量的多寡。汤包一名，原来也是有的，不过是特指，即鸡鸣酒家的汤包，只此一家，别无分店，一两八个，馅用鸡肉，故又称"鸡肉汤包"。形状也与寻常小笼包有别：无脐无褶，囫囵如蛋。

小时候，不拘小笼包、汤包，都属"仰之弥高"的范畴，不过相较而言，小笼包尚可偶一食之。上初中时，学校不远处有家小饭馆，号为石头城饭店，早上照例有小笼包供应，我们每每光顾，都是冲着馒头烧饼之类，买了就走，因搜括全身，也断不会有坐食小笼包的财力。也是时常为其所诱吧，某日居然与一要好同学痛下决心，合两人之力，计人民币贰角伍分，拿下一两小笼。以我们当时的饭量，一人两只，只能说是象征性地吃，敞开来吃，一人十二只怕也吃得下。不知是否两人当中哪一个曾向同学炫耀，或者吃时恰被同学撞见（那里正当路口，人来人往，事先我们也没觉得此举事属机密），总之后来被告到年级管学生的老师那儿去了，说二人在馆子里"大吃大喝"。我们都是学生干部，开批判会之类的场合批"资产阶级贪图享受的坏思想"是不遗余力的，但事到临头，便浑忘却"大吃大喝"恰是活生生"坏思想"的显现。（故事书里坏人想用几块糖就想将青少年"腐蚀"的事也是有的。）老师便将我们找去谈话。起先大约希望我们主动交代，和颜悦色地暗示，见她的引而不发只引来我们的茫然，只好点出"大吃大喝"之事来。照现在的情形去推，知道同学举报的

"大吃大喝"实为一人两只小笼包，大概要忍不住大笑出声了，实则老师当时神情很严肃，仿佛事情很严重，除核定数量之外，更追问如此"大吃大喝"，钱从哪儿来？言下之意是，是否拿了家里大人的钱？也的确不是小事：当时多数初中学生身上，决计掏不出两角以上的钱来。那老师其实一向对我颇好，如此严肃，也是担心她的骨干误入歧途，警示而已。但她那一问却令我紧张数日：倘她去家访，向父母询问，那可如何是好？钱固然不是偷来，这样的高消费让父母知道，一顿训斥免不了，零花钱的控制收紧到一文不予，也不是没有可能。

此前吃过更"高级"的鸡鸣酒家汤包的，但那是随了家里大人去，此次是头一回自己做主买了吃，又兼与同学在一处，买与吃的过程更为激动，理当留下深刻印象的，就因此次谈话造成的数日忐忑，味道居然全都忘却，只记得满手、满口都是油。

我对小笼包的"食髓知味"，因此整整晚了好几年——直到中学毕业，再没敢有初中时的豪举，吃上面比较出格点的行为都在买贵而可拿了走的食物，坐食实在是目标太大。"食髓知味"原不该用来说小笼包的，既然南京小笼包精髓全在一包汤，汤作"髓"解，却也要得。

再去亲炙时，身份已然变成了小青工。其时"文革"刚结束，大家仍在没滋没味吃"大锅饭"，厂里老资格青工多半在消极怠工状态。到工休或放工则照例精神大振，有几位常"挈带"我的，常聚在一起瞎聊，主题之一便是吃，说得唾沫星子横飞，你说吃过大三元，他说曲园酒家的东安鸡如何如何，谁也不肯落了下风，以今视昨，大约也都不乏吹嘘的成分。因为每月的工资不过二十来元钱，我是学徒工，等而下之，十几元吧。嘴上风暴刮得猛烈，却也就是坐而论道，能够起而躬行，且可一而再，再而三的，似乎唯有小笼包。小笼包虽应归于小吃的范畴，但当时南京城里只有为数不多的几家稍许正经点的馆子里才有，街头巷尾小摊上决计见不到。又须堂吃，或可称得上花费最小又能与"下馆子"沾边，稍有"大吃大喝"之意。某次正说到热闹处，有一位就提议：吃遍南京小笼包，不去的是孙子！

群体性的行为，常有"运动"味道，城里究竟有多少家，心中无数，规定一人二两，吃下来也"所费不赀"的，想来起先有人心里不免咯噔一下，架不住起哄，便都说去。蹬了自行车，大概五六个人吧，一次去一处，最远处是从厂子所在的清凉山到中山门那一带，来回足有十几公里。我属"小杆子"（这是彼时南京流行的说法，相对于"老杆子"而言，意谓小家伙，菜鸟），不去也不会遭奚落的，因为急于变成"老杆子"，又馋，也就跟了去。才去了两回，接到大学录取通知书，就罢了，也不知他们是否真正"吃遍"。但放言"吃遍"，赌咒发誓"不去是孙子"时的一股子豪气，至今回想起来还是"有声有色"。

我对小笼包的钟情，多少与此有关。虽然脱离了"组织"，个人也还单练，只不过不再定点以赴，便宜行事了。一番历练下来，不独能辨口味高下，还长了点"学问"。比如那一包汤，乃是肉皮炖化了之后凝而为冻，再与肉糜合而馅，上笼去蒸，便化为那包汤。原以为是肉馅加热后自然产生的油汤，实则没有肉皮冻，哪得这许多？包子里偶会吃出猪毛，也是猪皮没收拾干净的缘故。馅之外，皮同样大有讲究，得软硬适度，太干了不行，和面时水多了更糟，若再加蒸的时间太长，届时包子粘在笼屉上，移到小碟子里都是难事，稍不留神就弄得底儿掉，再好的汤汁也白费。

不单要做得好，还得会吃。如今这上面早已有了"成文法"了，曰"轻轻提，慢慢移；先开窗，后喝汤"，有些店家，店堂里就贴着，是对外地人的提示。当初没人给我示范，全靠自己摸索。总的精神是现吃，趁热，汤汁涓滴不漏。中式的小吃，不拘烧饼油条、馒头包子，都以热食为好，意在喝汤的小笼包更须带几分烫，带点烫那包汤到嘴里才觉特别鲜香。当然亦不可太烫，食而不得法，会弄得很狼狈。有次未遵"先开窗"即先在侧面咬一小洞慢慢吸吮之法，一口下去，汤汁溅得胸口皆是，吃小笼包而弄到胸前挂上幌子，是许多人都有过的体验。这是有碍形象，对老饕而言，精华流失就更是可惜。其实不开"窗"而将一整个放入口中，也是一法，关起门来一口咬下，饱饱一嘴油汤，其既满且足，又非小口吸吮可比。只是不能太烫，又须蘸了醋在口中包含片刻，待口腔适应了那烫再咬破，令汤汁洋溢口中。上面所说满世界吃小笼包的那伙人中，有一位即采一口吞之法，不幸有次"吼"了点，那边热腾腾刚一上桌，便从笼里夹了一只，也不蘸醋，径往嘴里一送，而且顺势就咬下去，顿时色变，像满嘴里含着滚油。烫得嘴里存不住，却又不舍，结果不往外反往里走，居然咽下去了。喉咙烫成什么样不知道，舌头是他第二天午饭时伸出给众人看的，上面好些泡，观者一概冷酷无情，权当笑柄。

也不知从何时起，小笼包变得街头巷尾随处可见了。前个体户的阶段，我活动区域内，有两处吃的所在，以小笼包闻名。其一是浮桥的"全福楼"，另一处是南大的工会小吃部。后者因坐落校园内，如同养在深闺，外人多不知晓，事实上口味更佳。据说是一家大馆子退下的面点师傅主理其事。馅调得好，肉紧，汤足，肉是肉，汤是汤，不像当时别处所卖，咬一口里面常是稀不稀干不干的一摊。看相也好，小而挺，甚玲珑，与别处相比，简直称得上亭亭玉立。麻烦是要等，总在排长队。高峰期有二。一是早上第一二节课之前，此时的主力军除学生之外，还有左近对南大小笼包有所知的老头老太太，晨练之后来赶头一拨。有几回通宵看书，到清晨腹响如鼓，自然想到小笼包，以为六点钟去，必可拔得头筹了（那时的确是要先买小票的），不想老头老太太们早已捷足先登，有的着练功服，有的身边还倚着刀剑家伙，俱各悠然，此时几乎是清一色的老人。七点过后，大体上就已是学生的天下。另一拨则是一二、三四节之间的休息时间。赶头两节课没顾上早饭的，或是起得晚要上三四节课的，或是一上午都有课，趁这间隙来填肚子。不论哪一拨，不变的是漫长的等待。

七七、七八级的学生是最用功的，就见有人捧了书在读，有人喃喃自语在背外语。只是一心不免二用，时不时抬头看钟，朝小推车的来路张望——真正是翘首以盼。中文系的喜文，某次一位拖了京戏念白式的调子道："望——穿——秋——水——呀！"一起来的应曰："言重了，言重了！"嘻哈一阵，却无改于整体氛围的焦躁。等的当儿，不断有人向服务员询问："好了吗？该好了吧？"性急的就变成质问："怎么还不好？！吃小笼就那么难？！"服务员专司收小票，点了数就准将蒸笼往前一推，吃的人自端了去找位子坐下吃，给你端到桌上的好事是决计没有的。没事时就在那儿百无聊赖地站着。遇询问，脾气好的会扯了嗓子朝里面喊："小笼啊好啦？"脾气坏的没准就给一顿排揎："好了自然会送出来，急什么急？——急也是干着急！"

我们不比老头老太太的好整以暇，着急上火是有缘故的，特别是要赶着去上课的那些同学，时不我待，眼见得上课铃就要响起，小笼包仍是杳如黄鹤，排到跟前又悻悻然走人的事，时有发生。好在花在排买小票上的时间不至白费，小票隔天还可以用。为省时间计，瞅人少时就买好小票，到时即可免去一道手续。当然最好是在第一二节课那段时间前往，此时第一波高峰已过，第二波尚未波澜再起，最是从容。后来我大体上都是瞅着这空当。

绝好的口碑令小笼包成为南大饮食的一道风景，不仅白天供应，晚上也能见到，这却是不能零点，专供席面的：别处酒席上的点心什么都有，却极少有上小笼包的。而且好像已成传统了，从带福利性质的工会小吃部到南芳园再到市场化且深谙宰熟之道的南苑餐厅，小笼包一直是有的。按说"人亡政息"，面点师不知换了多少拨了，小笼包早该落幕，可能关乎多少茬师生的记忆吧，居然还在。所憾者已是名存实亡，前些时候在南苑吃席，又上了这个，与过去相比，不夸张地说，天壤之别。

我不知道南园是否还有作为早点的小笼包，即使有，也早已不能勾我食指大动了。搬离校园只是一因，更要紧的是个体经营者的出现。忽然间到处都是，至少菜场附近的某个旮旯里，必能找到。我注意到此现象时，小笼包已然易帜，大多叫作"小笼汤包"或"鸡汁汤包"了。也不知为何，小笼包依"旧制"，都是一客四只，到现在"尹氏汤包""刘长兴"或其他较大的店铺，还是如此，新起的个体小店不约而同，都行一客八只的"新制"，自然越发袖珍起来，却又不像南翔汤包的封口，混沌如小馒头。此外"旧制"都不供汤，"新制"则有漂着蛋皮的骨头汤一碗。小笼包作为早点、小吃在南京的普及，个体小店绝对是首功。离我住处不远的东箭道菜市场周边，弹丸之地，居然有三处。都寄身违章建筑中，准确地说，就是窝棚，巴掌大，极湫隘阴暗，也不分什么前场后场，从包到蒸，绝对"明炉明档"。坐在极简陋的桌上吃，紧挨着就有人站着在包，门口当街一大一小两只炉子，大的上面蒸笼高耸，小的上面是一大锅汤。大概是术业有专攻（此类小店只经营这一样）的缘故，整体的水准，端在旧制小笼包之上。吃过一巡之后，发现其中一家特地道，便常去光顾。这家的皮与馅都好，皮特薄而汤特足，皮那么薄却绝不易破。不可能一样厚薄，最薄处近乎透明了，夹起来就见油汤在里面滚动。熟客会到他这里买了带走，就见店主拿只餐盒，极麻利地从笼里搛起往里摆放，绝无破损。

他家的环境之糟糕与讲干净恰成对比：桌凳大约都是买的旧家伙，破旧不堪，地方小又无窗，本就黑暗，又加烟熏火燎，越发乌漆墨黑，糊壁的旧画报也垢着油腻，但可拂拭处，总是弄得清清爽爽。又有一样，他家的蒸笼中央处皆留一位置，将供盛醋用的小碟反扣在那儿，与汤包一起蒸，也算是一种消毒。筷子是一次性的，此外与汤包接触者唯此小碟，吃的人有见于此，自比在别处放心。当然，他家常常人满为患，比左近的两家火得多，首先还是味道好的缘故。

我在那一带住了几年，他家的小笼汤包吃了无数次，记忆之中，口味之佳，可以称最了。因去的次数多，与老板都熟了，他是安徽和县人，夫妻两个带俩女儿到南京来做这买卖。再一问，左近两家也都是安徽人。几年后游青岛，发现好多处打着"南京灌汤包"招牌的小铺子，却是安徽人开的。因想南京从来没这说法，"新制"小笼汤包，没准是人家的发明。回来后兴不可遏，要再去品尝心目中的小笼包极品，顺便也就其出身问个究竟——搬家之后，已是很久没去了。

当真去了，却发现小店没了踪影，那一带大变样，原来整顿市容，许多属临时搭建的房子都拆了。搬哪儿去了呢？谁都不知道。这才想起，他们是连个店名也没有的。记得只门口有一纸板竖着，上书"小笼汤包，每客八只，贰元伍角"。

桂花糖芋苗

芋苗即芋头，也称芋艿。但这么同义转换之际，很容易生出歧义，因此芋头不是彼芋头，芋头和芋头，差别可以很大。大而化之地分，芋头有两种，大的是槟榔芋，生在广西，称为"荔浦芋头"；长在福建，则为"福鼎芋头"。我实在搞不懂芋头与槟榔有什么相干——一个长在树上，一个是土里的茎块；论个头、长相，都差得远。

小的是江苏等地本土的，大小和慈菇差不多。比起来槟榔芋是巨无霸，大的一个好几斤，小芋头则相当小家碧玉，虽说从外表皮上去鉴貌辨色，一个褐色泛红，一个面色土黄，倒也像是一家子。我把小芋头称为江苏本土的，事实上福建等地并不是没有它，只是闽台等地都是大芋头本位，小芋头称为"芋仔"——以个头大小论，真是一副"仔"相。要从名称上杜绝两种芋头的混淆，说容易也容易，你把小芋头径呼为"芋苗"就可以了。据我说知，"芋头"可笼罩所有的芋头，"芋苗"则专指小芋头，未见移用到大芋头上去。

小芋头也是食其茎块，一点也不"苗"，怎么就"芋苗"起来，待考。事实上"芋苗"更名正言顺的说法，应该是用来指槟榔芋的梗，广西有道特色菜，叫"炒酸芋苗"，就是芋头梗腌制成酸菜后拿来炒。而在江浙，因为锚定了"桂花糖芋苗"，"芋苗"所指为何，便再无歧义。

荔浦芋头大举"入侵"，名声已经把本地的芋苗盖下去了。餐馆里谋面的，多半是外地的大芋头，香煎、砂锅焗、香芋扣肉……清一色都是用大芋头。甜品店里芋圆是极受欢迎的，也是大芋头当家。还有一种"魔芋"，其块茎制品同样相当之风行。几项相加，芋头的江湖，似乎已是槟榔芋一统天下。菜场里芋苗哪去了？

对此我一点"地方保护意识"也没有。很长时间里，我都是芋苗无条件的反对派，原因也很简单，吃得太多，倒胃口了。老家在泰兴，芋苗和花生、白果、荞麦等一道，当地的几大特产。亲戚上门，少不得要捎，一捎就是一大麻袋。母亲情有独钟，不拘是和肉一起红烧，煮芋头粥，还是蒸了蘸白糖，或者什么也不加，白煮了剥皮吃，都爱。不管是当菜还是当饭，皆可。于是在我看来，家里似乎有无穷的吃芋苗的时刻。那个年代，凡蔬菜我一概鄙视，芋苗则尤其不屑。同为多淀粉的一类，比之土豆、慈菇，更不能容忍。比如与肉同烧，慈菇、土豆犹可，芋苗加入，就是一场灾难，甚至它的绵软也成罪状。

不忿之情，到交通便利，老家那边不再大规模捎土特产了，才逐渐淡化。主动地选择，则要到邂逅"桂花糖芋苗"之后。这道传统小吃二十世纪六七十年代大体上已经绝迹了，至少饮食店里不大见。重新浮出水面，已在八十年代中期以后。有段时间，"秦淮小吃"隆重登场，"永和园""秦淮人家""得月楼"……夫子庙具规模的餐馆，莫不以"秦淮小吃"相号召，外地人来南京，在夫子庙吃顿小吃套餐，成了游南京的一个项目。恐怕南京人也闹不清，到底哪些外地没有，独姓"秦淮"。我在夫子庙请客若干次，被邀作陪若干次，主打都是小吃套餐，品种多至十几二十样。客人中讲礼数的，要赞南京的小吃真是丰富，较真就要推敲一番：煮干丝扬州也有吧？更有挑衅色彩的是类于以下这一型的发问：茶叶蛋也要记在"南京"名下？！

"桂花糖芋苗"也属小吃套餐中必出镜的一种，似乎没受到太多的质疑，虽然我知道，江南不少地方都有。这是"秦淮小吃"中少数几样挂上了号的吃食之一——也不去计较商家的套路了，只是觉得那一碗，好吃。

我甚至忘了它和我过去深恶痛绝的，竟是同一种东西。相逢不相识，一半是我粗枝大叶，一半也要归因于芋苗"潜伏"得太好。说是"桂花糖芋苗"，芋苗、桂花，甚至糖都有着落了，唯独漏了藕粉，其实叫"藕粉芋苗"也是可以成立的，因为是调藕粉成芡，芡糊给芋苗托的底。虽如此，芋苗才是这一碗的精华，或是题眼，就像"鲜芋仙"，芋头块决定品质的高下。说"潜伏"，实因芋苗拣选品种好而个头小者，又或切削修饰成小方块，形容大改，奶白色隐现于赤褐透明糊中，不复揭皮蘸白糖吃时那"原生态"的模样。

尽管可追溯到夫子庙的"秦淮小吃"，我却怀疑自家对桂花糖芋苗的好感，是在"南京大牌档"定的格。

此前笼而统之可口好吃的印象被覆盖，吃这一碗吃的是一个口滑，似乎也是到"大牌档"才开悟。

"南京大牌档"可以看作"接盘"秦淮小吃的所在，后者热闹一阵，就沦为哄外地游客的噱头，"南京大牌档"虽也可提供整席的大菜，却不废小吃，甚至小吃才是主打，连已然淡出的回卤干也留在菜单上，委实充当了南京小吃新的集散地。

它家的小吃，也不是样样好，但糖芋苗吃几回都没失望过。香甜由糖和桂花担当，芋苗负责的是口感。芋苗没什么味道，不像槟榔芋吃起来香（不带偏见地说，唯槟榔芋才当得起"香芋"二字），妙处全在质地的绵密，口感的细腻。槟榔芋的剖面，麻麻点点，好似淀粉版的火龙果，看着发干，有点粗，欲其细腻，是需要一点处理的，不管是磨成粉的再制还是油脂的浸润。芋苗则是天生细滑，且仿佛自带江南的水气。

"南京大牌档"不知选用的是什么品种，来得特别小而糯，其"形容尚小"，令我不相干地想到闽南人的字眼"芋仔"，"仔"字似有乖觉的模样。入口唇舌一抿一碾，已化于无形，当真是含化无渣，滑不留口。藕粉糊糊则来助成这份滑溜，不无"推送"之功，芋在糊中，顺流而下。《水浒》说武松在景阳冈喝酒，"吃得口滑"，那是形容喝酒喝开喝高了刹不住车只是要喝，"南京大牌档"的糖芋苗是真的"口滑"。

江南的甜羹，其中的要角常是重口感的（味道另由糖、蜂蜜等来担当），比如鸡头米、薏仁，是另一种咬嚼的口感，芋苗因它的绵软顺滑，吃起来尤有一种熨帖。

因写这篇小文，想到一个熟人。聚餐时认识的，退休之前是秦淮区粮食局的头，姓焦，南京土著，好吃，我们都喊他"焦局"。"秦淮小吃"就是当年他一手打造的。商业开发，是不是南京独一份无关紧要，要紧的是日渐淡出的各种小吃的发掘和打造。不知此举与"桂花糖芋苗"打上"南京"的印记有无因果关系，至少这小吃现在的归属地，似乎以"南京"为准了。证据是从网上看来的——一个吃货发帖，题为"桂花糖芋苗，不用去南京也能吃到"。

喝馄饨

小时候很喜欢吃馄饨——其实不独馄饨，饺子、包子、面条也一样喜欢，小儿吃上面也好新奇，俗话说"隔锅的饭香"，即是谓此。事实上即使在自己家里，吃的和平时不一样，也有隔锅饭的效果，上举各项，在南方有对"吃饭"概念整体颠覆的意味（既然平时都是吃米饭），不像换一两个菜，属"换汤不换药"的性质，故尤其受到小儿的追捧。此外吃馄饨与吃面又有别，吃面可以是素面，馄饨有馅，且或全肉或多少有些肉，吃馄饨意味着有肉吃，那个年头肉的感召力实在非同小可。

馄饨有大馄饨、小馄饨之分，都是正方形的面皮，大小厚薄不一样，馅的多少亦自不同。家里自做，似乎都是包大馄饨。馄饨皮与饺子皮一样，面铺里有售。北方人有吃面食的传统，过去饺子皮都是自己擀，南京人做不来，多半都是买。

大馄饨以其形状，有的地方人称"包袱馄饨"，包法是将皮摊一手上，用筷子挑一坨拌好的馅搁中间，皮儿卷起成一条，再把两头一粘（好比包包袱最后用包袱皮两角绾一个结），做好了摆放在案上成行排队，就待下锅。我不知道应该说小馄饨的包法是更复杂还是更简单，单看程序，似乎是简化了：用个类似医生探喉咙的扁刮子挑上一点点肉馅往皮上一抹，手掌一握即得，也无须一一小心摆放，一握便朝案上一扔。然而扔了不会破，下到锅里也不会散，在我看来这拿捏之间就颇有技术含量。

也许就与这里的技术要求有关系，小馄饨我只在街上吃过。我说的是粮票时代的事，水饺、大馄饨都是论两，饺子一两是六只或七只，大馄饨在南京似只限于新街口老广东那样较大的馆子才有，一两几个记不清了。小馄饨是论碗的，因一两就是一碗，数为十三，掌锅的师傅下好后使笊篱捞出来，一五一十地数了望碗里装。小馄饨个小，不像饺子的一目了然，就常要将笊篱颠两下看个仔细，否则难缠的顾客发现数目不对，或者就要大起争执。

　　过去街头巷尾常见的馄饨担子，十有八九，卖的都是小馄饨，如今馄饨担子少见了，但固定的店铺还是小馄饨的天下，有号召力的馄饨店，连锁性质的除外，几乎数不出一家做大馄饨的。我想它的"非正式"应是它能找到更多应用场景的一因。有拿大馄饨当一顿饭的，小馄饨则适于当宵夜、早点之类，三餐的补充或过渡——有点小饿，来上一碗。在早餐里，它常拿来配包子、烧饼等等，这个干湿的搭档角色，大馄饨来扮就不那么合适。

　　关于馄饨，有一种说法似乎只有南京有：把吃馄饨叫作"喝馄饨"。几年前网上流传一首突出南京味儿的嘻哈歌曲，就唱的是"喝馄饨"。副歌云："我们每天晚上来到老王馄饨摊，不管刮风下雨我们都要来一碗，我们不用筷子不用挑子，喝馄饨，哎，喝馄饨，哎，喝馄饨。"南京话嘻哈，得用南京话演绎才有味道。对外地人，这一句里至少有两处是须加注的。"挑子"即南京话里的调羹，或汤匙。至少在南京，不论大馄饨小馄饨，标配的食具都是"挑子"，因馄饨不比饺子，须连汤带水地吃方好。但吃大馄饨有吃饺子一般喜蘸点酱醋的，这时就须有所变通，筷子介入，不无可取。小馄饨身段太软烂滑溜，筷子根本攫夹不起。所以此处提到筷子纯属陪衬，"不用挑子"才是题眼。啥都不用，那就只有嘴对着碗，喝粥一般地喝了。

医院里的病号饭，有"半流质"的选项，稀饭、烂面条，都是。南京小馄饨，可以"半流"视之。欲其"流"，能够"喝"，对馅与皮都有要求。馅不能多，究竟多少，并无一定之规，但我在网上看到过有人传授泡泡馄饨的包法，对肉馅有量化的描述，称不要超过一颗黄豆的量（泡泡馄饨应归为小馄饨的一个分支，包法特别，有空气进入，煮开后似半透明的泡泡）。能喝的馄饨，馅量只有更少，多了就有咀嚼一下的必要了。

馄饨皮则不能加碱。小馄饨的皮小而薄，不要说饺子皮，就是和大馄饨皮相比，也仿佛吹弹得破，要防它破，会加碱让面硬一点，广东的云吞，皮皆发黄，就是加碱的缘故。南京的小馄饨，皮也有加碱的，但你若惦着能"喝"，那就不加或少加为宜。

似有若无的一点肉馅，包入薄而软的馄饨皮，下到锅里一会儿即捞起，已是软烂滑溜，连汤喝下，滑不留口。馄饨汤与饺子汤不同，是有味道的汤，喝馄饨因而有滋有味。有个朋友对这一"喝"情有独钟，最在意者，即是那种顺滑感，馅多了反而有意见。我说，那你不如去吃面疙瘩。他称口感绝对两样，面疙瘩要在齿间逗留的，小馄饨是轻舟直下，咬嚼是咬嚼的讲究，滑溜是滑溜的讲究。

以他的标准，我唯看重肉馅的多少，以此对小馄饨一概而论，属于"不解风情"。但我觉得在意"喝"或是一派，像我这样的，亦复不少。记得读本科时，南大南园北园之间的汉口路上有家馄饨店口碑极好，很大原因就是它们家的小馄饨，肉馅要多一点。当然，还有一个记忆点，是端取馄饨时大妈南京腔的询问："啊要辣油啊？"

辣油馄饨是那家馄饨店消失前几届南大学生的共同记忆。事实上馄饨是馄饨，辣油是辣油，辣油是加在馄饨汤里的，加与不加，听便，故有"啊要辣油啊"的一问。大概学生党都是重口味，不仅选择加，还经常要求多加，干脆就给叫成"辣油馄饨"了。我原以为"啊要辣油啊"之问是那家馄饨店独有的风景，后来才发现，在南京很是普遍，"恶意"模仿之下，这也成了由吃小馄饨而来的、南京话的一个梗了。

胡辣汤

十多年前有次去开封开会，天天早上起来就出去溜达，舍了会上的自助餐，去寻开封的街头小吃。印象很深的，是一干一稀。

干的是大名鼎鼎的灌汤包。有印象，不是因为味道，是因为吃的景象。灌汤包是北派小笼包的代表，闻名遐迩，会议组织的酒宴上是当高潮推出的。记得是几辆大巴把人拉到一家号称"开封灌汤包之最"的酒楼，上了好多道菜之后，小推车齐出，隆而重之请将出来，店家介绍之外，又示范标准食法，总之满满的仪式感。奈何偏偏无感，除了汤的确是多这一点外，再无记忆。

但看来的"景象"却记忆深刻。关键是早点摊上随处可见。其他地方的小笼包，较油条烧饼煎饼馃子小馄饨之类，级别上要高一些，在南京，后者多路边摊、流动车上见，小笼包则好歹要弄个有屋顶的地方。在开封，灌汤包则是一视同仁的待遇，河南大学宾馆一带，就有好几处路边摊上，一摞小笼热气洋溢，食客当街吃灌汤包，不亦乐乎。

吃灌汤包的要领，"先开窗，后喝汤"等等，与南边吃小笼无异，对汤的看重，不在话下，可知移提之际，例需小心翼翼，而以我所见，开封的食客在人来车往的背景下，俱各从容。不能说南京的小笼包不够平民化，只能说开封的灌汤包在亲民这一点上，犹有过之。

我说的"一稀"当然是胡辣汤。胡辣汤的出处不在开封，在河南中部的一个小地方逍遥镇，连开封也愿意打"逍遥镇"的旗号，开会数日我连吃了几顿的地方，就大书着"逍遥镇胡辣汤"的招牌，虽然也卖水煎包和灌汤包。窝棚式的所在，简陋逼仄加上有点脏，虽是水泥地而有泥巴地的感觉，好多张油污的矮桌从里面延伸到露天。却是人气极旺，没有拿调羹舀着吃的，都端着碗，将尽时呈以碗遮面之势，吸溜之声此起彼伏。

胡辣汤是以骨头、中药材熬制，料有海带、面筋丝、碎肉，因加了芡粉，实际上不是汤，是羹，糊状。

酸辣味，辣更突出，复合的辣，胡椒的辣叠加辣椒的辣，胡椒的辣不似辣椒的辣那种尖锐刺激，却有一种弥漫性，二辣相激相荡，再加上一层仿佛底色的酸，一碗下去，醍醐灌顶。据说冬天来一碗，浑身冒汗，尤有一种由内而外的通透感。我去是在秋天，天气一点不冷，但是在一派热气腾腾当中，我觉得本地人愣是喝出了大冬天的温暖氛围。还有个感觉，《红高粱》里饮酒歌里唱的"喝了咱的酒，上下通气不咳嗽"之类，河南人没准联想的是喝胡辣汤。关键是喝时自有一种气势。

这气势是南边人没有的。我对胡辣汤尤其印象深刻，实因有意无意间在做着南北的对比。

胡辣汤多年前已落户南京，早点摊上，论稀的，豆浆豆腐脑之外，胡辣汤并不鲜见。也许不能说鼎足而三，一席之地却是没疑问的。论外地早点的本土化，干的要数煎饼馃子（杂粮煎饼大同小异，可归并其中），稀的非胡辣汤莫属。有意思的是，你若领北方人去吃上一碗，估计他们多半不会认账：这也叫胡辣汤？！的确，连"貌似"都打了折扣。逍遥镇胡辣汤有药材加入熬制，呈浓重的酱油色，南京的减免了，色近藕粉的浅淡。酸与辣上更是做减法，辣是辣椒酱自加，胡椒更是干脆免了，总之由铜将军铁绰板的高歌一变而为浅斟低唱。

异地饮食的"本土化"，重要的一条就是入乡随俗，江南饮食尚清鲜，虽然这些年被重口味一路碾压，变中也还有不变，区区一碗胡辣汤，也见一二。酸辣退隐，味精则不可或缺，自能浮现，此外最后必淋入几滴香油，南派的胡辣汤，也就呼之欲出。南京人在苏南人看来，有点北方的侉，只是和地道的北人比起来，又不免暴露出南方属性。

生长在南京，我对改良版的胡辣汤很是习惯，但有时也会向往逍遥镇的胡辣汤，至少在想象中，真是酣畅淋漓。

野菜乎？

豌豆头与菊花脑

关于南京人与野菜的关系，曾有种种夸张的说法，我最不能接受的一说是"南京一大怪，不爱荤菜爱野菜"。至少，这太与我那辈人的经验相悖了。对于"50后""60后"，"荤"是什么概念？！你把"七头一脑"吹上天也改变不了我们对大鱼大肉的向往。

当然，这是一种修辞，爱野菜才是重心所在，是实；不爱荤菜属"权宜之计"，为虚。为突出重心，暂且拉了"荤"来垫背，只因这时要让野菜出足风头。如同各地流行的"八大怪""十大怪"的种种说法一样，认真你就输了。

"七头一脑"，"七头"指枸杞头、马兰头、豌豆头、香椿头、苜蓿头、荠菜头、小蒜头；"一脑"便是菊花脑。标榜对野菜之爱，这几样南京人常挂在嘴上，芦蒿、茼蒿这些别地也见有人吃的，就略过不提。"头"其实是"尖"，野菜都是食其叶（据说小蒜头精华在根茎，要连根挖出，我知道的，则还是像葱、蒜叶子一般的吃法），自然生长的，过时不候，欲得其嫩，趁时（所谓"不时不食"）之外，就是掐尖。比如豌豆头，就尤需掐尖。

一

豌豆头又叫豌豆尖，现在似乎是称"苗"的时候多起来，有一度，本地的餐馆里，"酒香豆苗"成为菜单上蔬菜类的一个常规选项。不必疑惑，不会是别的什么豆的苗，一定是豌豆的。

在网上看来的，说豌豆头只有南京人吃，这话估计四川人首先就不答应。以我所见，他们对豌豆尖的热情，尤在南京人之上（对豌豆亦然，不言其他，川渝面条中独成一调的"豌杂面"，豌豆就不可或缺）。当然可以往上追溯，说吃豌豆头，在南京"古已有之"，川渝不过是"后来居上"，但《诗经》"采薇采薇，薇亦作止"中的"薇"就是豆科野豌豆属的一种，清代《说文解字注》当中讲，蜀人掐"薇"之嫩梢作食，说的就是四川人爱吃豌豆尖。

汪曾祺是江苏人，有"文坛美食家"之誉，关于豌头尖的赞美之词，却留给了川派吃法，《食豆饮水斋闲笔》里是这样描述的："吃毛肚火锅，在涮了各种荤料后，浓汤之中推进一大盘豌豆颠，美不可言。""豌豆颠"系四川人的叫法，也有写作"巅"的，巅是顶，也即是"尖"。"颠"是动词，拿来命名，似于理不合，但形容豌豆尖的鲜嫩，颇让人联想到掐尖时嫩叶、卷须微微摇颤的动态，四川话说出来，尤其摇曳生姿。

"豌豆颠"不是汪曾祺的发明，最后放入的动作用"推进"二字则我不能肯定是川人固有的表述还是他的说法，反正"推"字下得妙，换了"下""倾""倒"之类，都嫌笼统，不够"写实"。只是汪曾祺于此显出他在饮食上的广谱，或者善在异地美食中发现别调，生发出文字美感，舌及胃的"本色"，恐当另说。至少江浙一带的人，不当作猎奇的话，毛肚火锅以豌豆头殿后的这种吃法，大概率是吃不消的。豌豆头推入锅中，浴红汤而出，麻辣鲜香，本是解荤料的油腻的，这下自家也重口得可以，在川人舌上或不减其鲜嫩，江南人看来，则已然失了"清爽"的本味。绿叶菜要的就是清爽，"野菜"尤其如此。

"七头"里我要挑出豌豆头来说，实因有几"头"，南京人吃得相对要少些，事实上除非老南京人，枸杞头、苜蓿头、小蒜头这几样，不见得就报得上名来，现在菜场上则已很少见。既然过去吃野菜常是自己在地头上挖（南京人似乎更喜欢用"挑"字，比如"挑荠菜"，这里"挑"似乎兼有挖与摘的意思），现在则都是买自菜场，我们也可大致推断，在大多数南京人的餐桌上，这几"头"已经消失了。

还有几"头"，或是可以另说（比如香椿头，前几年由人指认"本尊"，绝对后知后觉地知其实为香椿树的树叶之后，就更觉应另案处理），或是太过普遍（比如荠菜，好像要举证哪里人不吃，难度反而更大），或者是因为个人喜好（比如马兰头，我很难对这"头"赞一词，由此甚至怀疑自家的南京人资格）。大凡"野菜"者，以我的感觉，与已驯化植物、养"家"了的蔬菜相比，更近于草，有异味尚在其次，尤有一种食草的感觉，马兰头尤其如此。清炒马兰头特别费油，我想除了它吸油，也是要以油来消减那种食草感。我更容易接受的吃法是切碎了与香干凉拌，既已切碎，又有香干麻油拌食，便再无口中嚼草之感了。

有意思的是，我有过一次与马兰头意外的邂逅，相信没几个南京人领教过如此这般的别样吃法——我在上海路一家名为"卢浮尚品"的咖啡馆的菜单上见到了"西班牙火腿马兰头比萨"！这家号称"创意西餐"，比萨馅料上玩点花样，不算意外，只是让马兰头与火腿奶酪搭档，脑洞委实开得有点大，不是在南京，未必有此想象力。

二

单说豌豆头需要挖空心思找理由，说菊花脑则完全不必担心会面临"偏心"的指控：虽有"七头"，唯此一"脑"。

为何菊花脑要从其他"野菜"中独立出来，自成一目，不称"头"而说成"脑"，我一直没弄明白。照南京话的发音，念成"涝"，"脑"却是标准的写法，豆腐脑偶见有写成"豆腐涝"的，菊花脑则一概是"脑"。

既然又称菊叶，也的确和其他野菜一样，都是掐尖，照一般命名的逻辑，不是应该叫作"菊花头"吗？偏不。豆腐脑称"脑"，有人说是喻其如脑子（比如猪脑）一般嫩滑，至少听上去是说得通的，菊叶"脑"起来则让人莫名其妙。有人称，脑者，头也，我觉得这属于杠精的强扭。

让菊花脑于诸野菜中独当一面，有其合理性：到现在为止，我能肯定现仍流行而外地人不吃的"野菜"，唯有菊花脑。比南京更"南"的地道的苏锡常一带的人，对时鲜的蔬菜的酷嗜一点不亚于南京人，对野菜的"野望"，似也不在南京人之下，"七头一脑"，大体上对他们也入得盘中餐，秧草、金花菜这些，甚至是南京人不大吃的。但是我向多人求证过，不管在家中还是在餐馆，菊花脑是不大见到的。气候相同，口味相近，交通便利，饮食上打成一片，顺理成章。的确也有一些南京人酷嗜而早先外地人不食或稀见的东西，这些年蔓衍各地。比如芦蒿，南京人早就吃得大张旗鼓风生水起，别地则是不食或只是小众地吃，哪怕当地就长芦蒿。湖南、湖北芦蒿不稀奇，过去却不大吃，我有个学生，十几年前来南京，一食钟情，说是在长沙从没吃过。

菊花脑连江浙的门槛都没迈过去，更远的地界就免谈了，到今日依然是南京"一家独大"的局面。

别地的人不食，是否意味着与其他野菜相比，菊花脑的异味更让人难以接受呢？也许吧。菊花脑是野菊一类，一股清凉气味，有个熟人拒食，理由是让他想到清凉油。有多人会产生类似的联想，不得而知，像清凉油又怎样呢？南京人所好者，恰是那一份清凉之意。

菊花脑可凉拌可清炒，欲其可口，须得嫩茎嫩叶，不少人拌、炒时会加点糖，以中和它的苦。取其清凉，去其苦涩，也是做菊花脑的一项基本原则。天热之际，乃是菊花脑最佳的登场亮相的时机，这时候一碗菊花脑蛋汤，最是南京人的心头好。我算不上菊花脑的铁杆拥趸，清炒或凉拌，都不很感冒，筷子夹得多些，塞得口满，终觉违和，摘得不够嫩，尤有大口吃草的感觉。唯独菊花脑蛋汤，大爱。

既然是汤不是菜，量自无多，烧汤较水焯时间稍长，却又不是炖汤一般的慢煮，令菊花脑不失其嫩而减一分硬挺。与蛋花一处，天造地设，再滴上几滴麻油，汤汤水水喝起来，顿生凉意。这类奔着清爽去的汤，讲究的是清鲜，无一定之规，比如青菜秧烧汤，可以打鸡蛋，可以余肉丝；西红柿蛋汤，我也见过蛋花、肉丝并举的；但菊花脑蛋汤中，蛋花绝不可置换为肉丝，而且绝对是绝配，容不得第三者，其般配的程度，我觉得只有菠菜猪肝汤可比。

菊花脑焯水略久一些，捞出蘸作料吃，不知是不是就近于广东人所谓"白灼"了，我试过，还是嫌其苦涩，结论是菊花脑宜汤不宜菜，这条倒又令"脑"和多数的"头"划下道来：除了豌豆头，其他"野菜"南京人似都不拿来烧汤。

菊花脑蛋汤属"清汤"，汤色当真一清如水，菊叶蛋花浮于上，不独口爽，眼也爽。只是得一次喝完，剩下了就会大变脸。若是"白灼"，捞起后剩在锅里的水一顿饭工夫就会变成靛蓝色，蓝不蓝绿不绿，发黑，深浓到让人怀疑可用来当染料。

菊花脑既然独一份，有标识性，商家自然会想法子加以利用——有菊花脑的加入，等于添加了南京元素。比如鸡鸣酒家的汤包，原是苏式汤包的移植，似乎是它家细胞分裂后在龙江开的一家，首创菊叶汤包。多家跟进，连锁的"尹式""刘长兴"后来也都有了这一款。不能说南京的汤包正以此才姓了"金陵"，然更打上了鲜明的"南京"印记却是无疑的。南京小笼汤包的翻新出奇，还有别的招，比如"丰玥"，就以丝瓜入馅，一缕翠绿从脐上探出，很是喜人，吃起来或者更好。但是未见学步者——未必有多少难度，还是菊叶作为南京元素更具号召力吧，虽说以其凉性，感觉上似乎更能降解油腻。

鲜肉菊叶饺子是同样的思路，都是让菊叶出现在肉馅中。野菜中荠菜在饺子馅里出现的频率是最高的，但不可成为菊叶的参照。此间常见的饺子分类，肉馅、素馅、菜肉馅，荠菜饺子似乎很少有纯菜的，多和肉馅混合，可妥妥地归为菜肉馅。菜肉的比例可偏于荤可偏于素。鲜肉菊叶饺子则仍以肉馅论处为宜，因要让菊花脑在饺馅中扮演荠菜的角色，万万不可：多了就苦涩，只能调味式点缀一下。

菊花脑的"应用场景"，也就限于这些了。我倒是想起一段因它而起的题外话：我一度将苦菊（苣）与菊花脑混为一谈。苦菊是沙拉里的常规角色，形色与味道，很容易与菊花脑区分开来，虽然均属菊科，不是没有一点相通处。我大而化之的误认，是因它不是出现在沙拉里，而是在一家中餐馆以中式酱料凉拌上桌。

北京西路临街的一处民国老房子，有段时间做餐饮，以门牌号为名，称"39号公馆"，有几道自创的菜，中式凉拌苦菊是其一。菜单上写作"凉拌菊叶"，我不加分辨即"照单全收"。喜欢老房子，带过好几拨人来吃，这是必点的，并向人点出其"创意"，座中外地人、本地人都有，外地人没吃过菊花脑，也就罢了，本地人居然也无一指出"菊叶"之误，致使我的摆乌龙持续了很长时间，还是我自己留意到此菊叶非彼菊叶，细辨其味，则虽皆清苦，还是有异，才终于自我纠错。

由菊花脑到苦菊，倒使我寻思了一番沙拉与凉拌菜的不同处。所谓"沙拉"者，不过西式的凉拌菜而已。除了土豆等少数几样，沙拉中凡素菜，都是生食，叶子菜尤其如此。我们的凉拌菜，黄瓜、西红柿、莴苣等果实、茎块类的，固然是生吃，叶子菜却大多是要先焯水再凉拌的。何以如此？大约我们的底色是熟食，唯水果生食，意识当中，黄瓜、莴苣等是向水果靠拢，另当别论，叶子菜是典型的"菜"，再怎么样也得"断生"，即使是凉拌。

我对"凉拌菊叶"的猎奇，主要是误以为是生的菊花脑，就是说，那个凉菜虽是中式酱醋，就生食而言，却是沙拉的路数。

当然，是个误会。然则当真用生菊叶凉拌，可乎？要说焯水是为了卫生的话，那现在西餐厅里的苦菊、球形生菜也一般是我们这边地里长的，苦菊生食得，菊花脑就生食不得？

也就是一念，并没有试它一试。或者，试试？

芦蒿

　　"野菜"如何定义，是一个问题。若是话说从头，那人类所食，从植物到动物，无一不"野"，野兽驯化了，才成为"家畜"；野草野果驯化了，才成为粮食和蔬菜水果。许多野菜，人工栽培种植之后，不再是自生自灭的那种了，野生的反而变得"小众"，

　　一说野菜，"七头一脑"就被拿出来说事儿，芦蒿非"头"非"脑"，被排除在外了。我觉得这是典型的"以辞害意"：为了凑数，说得顺溜，只拣有"头"有"脑"者说，把茼蒿、芦蒿都给撤下了。茼蒿似乎各地都能见到，可另说，芦蒿在南京人饭桌上的地位，不说在菊花脑之上，至少也与其相当，略过不提，尤其说不过去——怎么能没有芦蒿？！

芦蒿不算稀罕，好多地方都有，亲水，河岸湖边，都长。但并不是长芦蒿的地方人都爱吃这个。像南京人那样当作心头好的，更是绝无仅有。东北、华北据说也长芦蒿的，当地人就不大理会。长沙餐馆里，腊肉炒芦蒿是道挺受欢迎的菜，但这是近十年的情形，再往前推就难说。我有个学生是湖南人，十几年前来南京读研，第一次吃到芦蒿，大为倾倒，其后有几年，每到南京就惦着要吃上一回，可见原先湖南人不大吃，至少不普遍。

甚至在江苏，不少地方，到现在芦蒿在菜单上还是相当边缘。苏州人是特别讲究时鲜的，他们的时鲜里，并无芦蒿的一席之地。这颇让人意外，芦蒿的食用古已有之，不仅吃，而且是当美味的，好些诗词里都记录在案了，最常被挂在嘴边的当数苏东坡的《惠崇春江晚景》中的这几句："竹外桃花三两枝，春江水暖鸭先知。蒌蒿满地芦芽短，正是河豚欲上时。"蒌蒿即芦蒿，与河豚对举，岂不是身价百倍？据说写这首诗时，苏东坡人在江阴，可见江南早有吃芦蒿的传统，然而江阴属无锡，无锡人却不大吃芦蒿。事实上在吴语区的苏锡常，芦蒿都是非主流，江阴反倒是个例外。上海人过去也不吃，到现在也不算常见的食材。前不久去松江，发现当地人也喜吃野菜，但居然不吃芦蒿。也不是不吃，只是菜场上不常见，偶出现也卖得贵，足见不是家常菜谱的一部分。

除了南京、江阴，吃芦蒿之风大盛的，是江北的沿江一带。南京是大码头，又加南京人在吃野菜上比较高调（夸张的说法是"一口饭，一口草"），扬州等地比不过，俨然芦蒿第一城了。

当年的南京亦城亦乡，房前屋后，野地坡上，当真见得着野菜，春天挖荠菜，夏天掐菊花脑，等等，是我的同龄人都有过的经历。但芦蒿不在其中，因它长在江边水边，通常还是要到菜场才谋面。我见识原生态的芦蒿，已是在八卦洲作为"芦蒿之乡"声名大噪之后了。是去参观大棚，领我去的人要满足我的好奇心，又专门带我到江滩上去寻野生的。

我应该想到，菜场上见到的芦蒿，那样子长在地里不会有多好看的，苏东坡"蒌蒿满地芦芽短"衬以"春江水暖"的诗句却让人自动脑补出一幅充满生机的画面，再有文人"清翠欲滴"的渲染叠加上去，越发脑补得入画了。其实苏东坡句子本身乃是写实，未上色，只让远景在读者意识里合成发酵。汪曾祺于芦蒿，只寥寥几句，即让人馋涎欲滴，"感觉就像是春日坐在小河边闻到春水初涨的味道"，比之苏东坡的"远观"，他这是"近亵"，然重点还在由吃而生的"远意"。

芦蒿长得密，的确是"满地"，茎秆紫而泛红，披着细幼绿叶，间杂芦芽，粗头乱服的，不是心存好感，你说成是杂草丛生之象，也没什么不对。大棚里的芦蒿倒是绿得整齐划一了，满坑满谷的，至少对我来说，很难产生关于"春水初涨的味道"的联想。

当然，汪曾祺的脑补是"吃"出来的，苏东坡的脑补才是"看"出来的。论看，芦蒿的第二现场是菜场。上市时相当之吸睛，一是芦蒿青枝翠叶齐齐整整，有型有款，于一众蔬菜中很容易"跃入眼帘"，二是面前必是顾客扎堆，小贩重点吆喝，稍有闲则站在那里择芦蒿，手法极熟练。

长条的蔬菜如蒜苗、豇豆，通常的择法，皆是掐两头掐到嫩处，剩下中间一截用刀切成寸段。芦蒿则照例不能动刀，必是一寸一寸地掐，说是动刀则容易染上铁锈味，破坏了芦蒿的清香。听上去可能有点夸张，然清香之气一点也不能少的护惜之意，尽在其中。

掐断，必须的，至少已成为"潜规则"。以我所见，不论是在家中，还是在菜场，凡择芦蒿，都是掐断。凡蔬菜，都要食其嫩，这上面"野菜"尤其不能让步，养家了也须牢守宁缺毋滥的原则。菜场里买回择好的，讲究的人还要再择一遍。也有老派的，这事绝不肯假手于人。

择毕，就等着下锅了。对于原教旨派而言，吃芦蒿的第一选择，永远是清炒。什么都不加，味精、鸡精都是多余。炒菊花脑要加点糖，以减其苦，炒豌豆头，会加点酒，以扬其鲜，近年"蒜香"大行其道，好多蔬菜，清炒时时兴加蒜泥蒜末，比如茼蒿、空心菜，甚至炒青菜秧也有放蒜末的，唯有芦蒿，犹是"一尘不染"。这当然是要保留一份纯粹，不沾一丝别味，留得满口清香。不过放在过去，委实有点奢侈。过去都是野生，野蒿"成品率"奇低，欲得其嫩，大半得丢弃，得多少才能掐出一盘来？所以从经济的角度说，与豆腐干同炒也有点"惜物"的考虑。

但是不要以为是蒿子不够，干子来凑——假如开始多少有这点临时起意的意味，后来也成为"定式"了。与之相伴的是一个发现：芦蒿和豆腐干，可称绝配：倘不是清炒，与他物同烹，那么舍干子其谁？

荤素搭配在炒菜中是极常见的，芦蒿炒肉丝似乎顺理成章，既然它像芹菜一样，吃的是秆。我在家里也不止一次要求，搁肉丝炒。但连我这种无肉不欢的人，最终也放弃了这种看上去天造地设的荤素联姻，因肉丝虽不至于喧宾夺主，对芦蒿的清气，却多少有点破坏。（同理，我也不能接受湖南人的芦蒿炒腊肉。）豆腐干出现，却不能算是搅局者。豆制品向来本分，不抢戏，吸味道，增加口感的丰富性。只是炒芦蒿照例不用白干，白干太寡，配芦蒿得用香干或臭干，自带味道来帮衬。味道上的参差，口感上的对比，都有了。

香干、臭干，各有各的拥趸。有个朋友，从审美的角度否定臭干，理由是火候掌握不好，臭干的黑会染上身，叫芦蒿的青翠变得乌暗。他是最在意看相的，故虽不薄香干，终极还是归于清炒。有次他自己下厨做给我吃，清炒之后盛以没有任何藻饰的白盘，青翠小秆疏朗错落其上，衬托之下，越发绿意盎然。因那骨瓷白盘不是传统的样式，是日式的那种浅盘，我就顺口赞了句，像日料的摆盘了。他不屑，道：我这多自然，多有生气，哪有半点"侘寂"味？

丝瓜

小时候，城里长在地下的瓜果蔬菜并不鲜见，这里面最具观赏意味的，丝瓜是其一。多半是因它长在墙上，立起来了，可当一幅画。我家院子后面是一道篱，不是画上常见的疏疏朗朗呈网状的那种，是编得密密实实的"墙"，风吹日晒雨淋之后，一派斑驳灰暗。不过秋天的丝瓜衬在上面，碧意盎然的叶，明黄照眼的花，也有它的好看，尤其是在傍晚的斜阳下。

与丝瓜一起在墙上蔓延勾连的还有南瓜，辨不出叶子，花应该是好辨的，我却也不辨，摘下去喂蝈蝈，从竹编小笼子的网眼里递进去。据说蝈蝈只认南瓜的花，究竟如何，我也不知。到了挂果之时，南瓜丝瓜，再不用辨了。对我而言，丝瓜的观赏价值，差不多也就止于此时。倒不仅因为"黄花退束绿身长"，花在长出的丝瓜头上枯萎谢去，实因丝瓜的形、色我都不喜。有人将丝瓜喻美女，说其细长之状犹如少女婀娜的身姿，所说可能是上下一般粗细，特别长的那种，我家院子里一头粗一头细，粗而短，长成了挂在那里像个绿棒槌，细长的那种我也在瓜架上见过的，一条条悬在那里，加上特有的那种绿的皮色，我老觉得像大青虫。

我原先不吃丝瓜也许与它的形色有几分关系——说的却是烧好在盘子里的：软唧唧卧在那儿，也像是蠕虫，青虫的意象与之谁因谁果，说它不清。不过主要还是因它的味道。丝瓜有一种特别的清幽，甘甜里夹着一丝苦，不是大张旗鼓的怪，是一种很含蓄的怪异。起初我不知为什么说它有一股汽油味（后来拿去形容芒果了），任大人怎么劝诱也不下筷子。

说来有意思，我之对丝瓜刮目相看，居然是好多年后在千里之外的新疆。时当暑假，我在新疆暴走，在喀什结识的一个朋友请我吃饭，就在宿舍里自己做的。他是单身，也鼓捣不出什么。但他做的丝瓜豆腐汤却让我眼睛一亮。那段时间几乎顿顿拉条子，辣椒洋葱西红柿羊肉炒浇头，拌而食之，吃得不亦乐乎，清淡滋味已是久违了。我也几乎自认是重口味的了，不意此味证明清淡对我其实也有一种诱惑。豆腐雪白，丝瓜在汤里仿佛绿得透明，看着就觉有一丝清爽的凉意。

照中医的说法，丝瓜性"甘、凉"，食而生凉意似乎是题中应有，我以为丝瓜名中的"丝"字也多少有心理暗示的作用：丝质的衣物、用品也让人生凉意，虽然凉并不来自"丝"自身。比如丝瓜通常都是热食，不拘炒、蒸、烧，还是做汤，凉拌则我从未见过。丝瓜豆腐汤我只吃过那一回，虽是一食难忘，却从未在馆子里见过那搭配，自己也从没试过。

但从此好食丝瓜。江苏人喜欢将丝瓜与油炸之物同烧，丝瓜老油条是常见的一道菜，丝瓜与茶馓做一处，则成就淮扬菜里的一道名菜。丝瓜或炒或烧，都很快就出水，其汁黏稠，丝瓜特有的味道尽入其中，茶馓浸在里面，饱吸汁液又不会泡到有软烂之意，的确是味道、口感俱佳。

色泽素淡，食之清爽，似乎也是其他丝瓜菜所共有的，江苏、上海的菜都属"浓油赤酱"一路的，似乎从未见施之于丝瓜。家常菜里丝瓜炒鸡蛋最是常见，虽极简单，火候掌握不好，却是常常弄到丝瓜由绿变黑，"近墨者墨"，鸡蛋也为其所染，结果碗盘之中，乌乌淘淘。馆子里保其翠绿，往往是仗着油多火猛。我有一朋友清炒丝瓜是一绝，却不用许多油，还放一点水，丝瓜不切块切薄片，一下就出锅，到盘里碧绿喜人。丝瓜刚刚断生，原是一烧就粑的，他却让其典型犹存，吃到嘴里还有点脆感。

但说到吃，已是后话了，既然隔了十几年才再碰丝瓜。算起来我与丝瓜的亲密接触，还应追溯到抽丝瓜藤，那是香烟的代用品，想学抽烟又偷不到大人的或怕大人发现，就躲起来抽这个，我那么大的人，男孩多半都有过这勾当。

到藤已枯了的时候，藤上的丝瓜自然也已形容枯槁，水分尽失，由绿变为黑褐色，脆硬的表皮之下唯余丝丝缕缕的纤维，总之瓜已非瓜，成了瓜瓤——有称丝瓜络、丝瓜瓤的，南京人习惯称之为丝瓜筋。我睡觉的房间窗户就对着那道篱笆墙，灯枯油尽的老丝瓜足有充气棒那么大，我通常是视而不见的，倒是有时夜深人静一觉醒来，听到微风里老丝瓜碰着篱笆墙，磕托磕托地响，我知道那是它已中空了，变得很轻，若当青藤绿叶之时，即或风吹得动，碰在壁上的声音也是闷闷的。

已成空壳还留着不摘下，是因要它派吃以外的用场，即待其干透之后，去了皮与籽，用来做洗涤工具。有人拿来洗澡，说搓垢特别"给力"，我在澡堂里就时见人拿丝瓜筋蘸了皂沫遍身涂抹，像是用海绵。以丝瓜筋擦洗身体却是古已有之的，似乎女性还用来洗脸，不然诗人说什么"虚瘦得来成一捻，刚偎人面染脂香"？此中的香艳却大约是过去时了，丝瓜筋的硬挺有人洗澡都嫌其粗糙，用以洗面，更是不宜。

大多数人家都是用它来洗碗，它比竹丝或鬃毛的刷子来得软，比抹布要硬，用起来恰可软硬兼施，锅碗瓢盆的哪个角落都去得，却不藏污纳垢，且干湿之间转换极快，故常是洗碗的第一选择。有乡下亲戚进城，常会捎上几个来，这就够几年之用了。

我家院里就有丝瓜，原是不烦捎来的，偏偏我们家老阿姨对丝瓜筋有很高的标准，说院里的有种种毛病，常让她儿女探亲时给她带。带来的想必是精品，个都特别大，且全须全尾，壳子没一点破损。我每每持了去打人，用很大的力，盖因它空空洞洞充气棒似的，打在身上不疼。不同处是会响，因脱落的瓜子都还封在里面。我妹妹两三岁时大人会让她拿在手里摇，她摇一摇便停下，瞪大了眼，一脸的不解。

豌豆

菜用的豆类里面，我最喜欢的是豌豆。

江南人习惯吃的新鲜豆类，似乎限于蚕豆、豌豆和毛豆。毛豆更多，吃的时间更长，蚕豆、豌豆在我好像更有时令菜的意味。不知是否就是这个缘故，它们在意识中是可以并论的，毛豆就自成一类了。

也许是因长相、大小，也许是因味道，我总觉蚕豆阳刚，豌豆则有一份女性的温婉。蚕豆的荚很是肥厚，绿也绿得浓稠，有点躯，豌豆荚则薄，绿得鲜而有透明感，以形状论，蚕豆显得粗蠢，豌豆即在泡胀之时也还显出一份苗条。剥出豆粒来，蚕豆倔头倔脑的，豌豆则显得玲珑可人。只有在干家务活剥豆时，我才会感到蚕豆的讨喜，因剥豌豆总是剥半天还是一点点，相形之下，剥蚕豆要想有成就感就容易得多。

小时上学，马路边常能见到菜地，种蚕豆的不少，豌豆则很少见。因为傍着马路，车来人往扬起灰尘，印象中蚕豆总是灰头土脸没颜落色的，即使开出蝴蝶状的花来，也还是一副没精打采的样子，到成熟时豆荚上还会有一缕黑，显得脏。菜场里谋面的豌豆、豆苗则一概碧绿喜人，豆苗上的卷须尤其让人觉得它的鲜嫩。

从上市到下市，豌豆变化颇大。刚上市时，荚里的豆"形容尚小"，水分多到可用一掐冒水来比方，像是小儿的尚未发育，豆荚看上去也不甚饱满，这时的豆吃起来却最是可口。有个朋友是苏州人，每逢这时节就惦着要赶趟买回来清水煮着吃。就是清水，连壳下去，什么也不加，要的就是那份可口的清淡，不是当菜——据他说，是闲来剥着吃，当点心。带壳的豌豆当点心，是头次听说，不过此中豌豆的鲜美我还是颇能体会。豌豆在我大体还是剥出来烧，偏爱的是与肉末同烧：肉末先去锅里炒好了，便加水，待水沸了就将豆下去，盖上锅盖，只需一会儿就关火——因为嫩，几乎一氽就能熟，时间稍长即不复有那份鲜嫩。说起来还应算是煮，因水要放至将豆淹没；却又不是汤，盖水太多味就寡了。

清水煮豌豆当然更有清水出芙蓉之致，不过添些肉末，也还不失其本味。嫩豌豆的味道，真是清新可人。豆类成分中淀粉不少，但那是老豆，嫩豆则入口能分明感到那层皮的存在，内中一无淀粉的沉滞，反倒好似还贮藏着汁液，有一种水灵灵的清甜。在碗中那绿也绿得水灵，用白瓷调羹舀起连豆带汁俱入口中，清香满嘴。

待到了接近下市时，豌豆已如中年发福，一粒粒在豆荚中挤挤挨挨，为争那点空间挤到圆中带出方来，撑得天地皆满，饱涨到几欲破荚而出。其味不复嫩豆的婉妙清扬，而因淀粉味渐重，带出一份沉着安稳，是另一种好吃。嫩茶不经泡，嫩豆不经煮，中老年的豌豆则要烧得久才可口且味道尽出。比如烧汤，就要烧到烂才好。我喜欢泡菜、老豌豆加肉丝煮的汤，二者都是经煮的，都让汤变得厚，与蛋花豌豆汤的清淡别异其趣。上海人有个家常的汤，干蚕豆瓣与雪里蕻加水煮，有点异曲同工，因泡菜、雪里蕻都微有酸味，豌豆、蚕豆时间长些都煮出淀粉质来，然豌豆温婉的味道还是令汤更含蓄醇厚，再加肉丝汆下，别有一种鲜美。故我每年都要用中老年的豌豆炮制上几回。

钟情于豌豆，豆还只是一端，豌豆苗对我的诱惑一点不下于豆。毛豆、蚕豆和其他豆类的茎叶没听说过菜用的，上餐桌或许豆苗是独一份的了。但早先豌豆苗很多地方是不吃的，我老家在苏北，种豌豆就像种蚕豆一样普遍，我母亲说，当地人只吃豆，从未见人摘豆苗来当蔬菜。苏南的人则早就吃了，还特别讲究一个"嫩"字。豌豆苗有地方称作"豌豆尖"，还有称为"龙须菜"的，南京人则常呼为"豌豆头"。不拘为"苗"、为"尖"，抑或为"头"，名字就暗示了对嫩的要求。事实上菜场里也已经是掐尖的，但买回家来当然还要再择，嫩与不嫩，首先取决于是否新鲜，再往下就要看你决心择去多少了，讲究的人，尖中掐尖，真是只吃一点"头"，余者尽皆丢弃。

说到嫩，其实豌豆头扮相上就给人那印象。小而圆的叶子，极细的茎，加上细的卷须，与粗枝大叶子的菜相比，端的一副嫩相。又一条，是看上去温良恭俭让。菊花叶、马兰头、荠菜等等，叶都很小，却从"色"到"相"都透出野来，豌豆苗则一点不野，可比为小家碧玉或小媳妇。绿也不是嚣张的绿，经水之前绿得有些淡，洗过之后也是嫩绿。

江南人吃的蔬菜种类特多，包括各种时令野菜，故我以为在吃豌豆苗上面，也可以称最。后来才发现，四川人对豌豆苗的喜好，或者更在其上。一九八七年我第一次去四川，印象很深的一条，是豌豆苗的"能见度"极高，小饭馆小饭摊的案头上，几乎必见其翠生生地存在。彼时还在做学生，没钱下馆子，就食常是吃面，而面条店面条摊正是豌豆苗大出风头的所在：四川人常以豌豆苗做面条的浇头，往往是等面条下好之后，抓一把放上面，吃时将面条翻到上面，豌豆苗在碗底一会儿就烫熟了，再翻上来，面条顿生绿意，清香扑鼻。据说炒之一法四川人是不大肯施之于豌豆苗的——那是好东西，不可轻用，要好多才能炒得一盘？故当作面条的点缀之外，就是烧汤了，盖用来烧汤，"惠而不费"也。

江南人则豌头苗的主流吃法，就是清炒。餐馆里常见的一道菜，叫作"酒香豆苗"，与"上汤"相比，是更家常的。其实就是清炒，只是在起锅之前加上几滴白酒而已。我那位以水煮豌豆当点心的朋友在坚持本味上是个原教旨主义者，坚称那几滴酒是多此一举，我倒以为那几滴酒实有帮衬之功，可令豌豆苗更其清香洋溢。相比起来，有些店家在清炒豆苗时喜加点糖，说是可解豆苗的微苦，我觉得有些多余。

豌豆苗的清香，在舌尖，也在鼻端——我是说烹饪时散发出来的气味，这是苗与豆可以合论的。不拘豆还是苗，不拘炒还是煮，都有扑鼻的清香，那味道不带一点侵略性，不像芹菜之类，有一种刺激性，然弥漫之际，却很有辨识度；烧毛豆、蚕豆，固然从气味上也有以辨之，但不像豌豆，一闻即知。有次在一朋友家吃饭，他夫人在下厨，将豌豆苗下水焯一下准备凉拌，就那一下，香气飘到客厅里来，我说在烧豌豆？朋友骗我，说不是。但我知道再不会错的，那种温婉的清香太特别了。

就在那味道里，我们开始讨论一个关于豌豆的问题：关汉卿自谓"我是个蒸不烂、煮不熟、锤不扁、炒不爆、响当当一粒铜豌豆"，他当然是反讽，但铜豌豆原是指老狎客，风月场中无往不利之人，或谓门槛精，怎么会有人以铜豌豆自比呢？会不会有一种炒豌豆，就叫作"铜豌豆"？

当然，闲话而已，也没去查考。

慈菇

　　苏州有"水中八仙"之说，"八仙"者：红菱、芡实、莲藕、慈菇、水芹、茭白、莼菜、荸荠是也。都是水生植物，这里面莼菜、芡实别处较少见，虽然所谓"西湖莼菜"也叫得很响，芡实则不过苏州人吃得更多而已。其他种种，不仅是江南，凡水多处，皆很常见。比如慈菇。

　　慈菇有很多种写法："茨菇""茨菰""慈姑"，后一种是汪曾祺的写法，去了草头，容易联想到"妙姑""尼姑"之类。看来叫法是一样的，至于说又称"剪刀草""燕尾草""蔬卵"，对一般人而言，就不知所云了。前两项命名，想来是从它叶的形状而来，"蔬卵"之"卵"当然又是拿它蛋黄大小的球茎说事儿（虽然球茎上还长着肥大的顶芽）——听起来文绉绉的。

虽然称作"菇"，它与菌菇当然全不相干，除非你拿它的顶苗拟作蘑菇小伞小面的柄。慈菇一球一芽，像个不大标准的立体的逗号，即使再"五谷不分"，这也是不会混淆的。我小时会弄混的是慈菇和芋苗，这两样从长相到口味，差得很远，前者总透着湿意，后者是从土里刨出，不免灰头土脸。在去皮时不用刀削，通常都是拿碎瓷片去刮，操作时身边常搁一碗水，碎皮堆在瓷片碴口上，过一阵就要到水里涮一下。在我看来，这是家务活中比剥豆剥花生更烦人的事，幸而不常当此大任。若在这时，绝无混淆之虞。我是因为吃时两皆不喜，又因家里这两样又总是与红烧肉同烧，愤然之中，就混为一谈了。

我的愤然与吃够了有关，因为老家亲戚背土产过来，常有这个，一带就是一大堆，吃得暗无天日。我最不能容忍的就是与肉同烧。肉吃不够的年纪，偏偏肉不够吃，难得有纯粹红烧肉的时候，总是有蔬菜烩进去，我一概视为对肉的"遮蔽"。萝卜、土豆、梅干菜、四季豆、干豇豆……最常见的就是芋苗、慈菇，因为老是吃，因为是老家来的，我觉得连那肉都变得"土"了。

这是愤青那种不分青红皂白的愤然，慈菇究竟是何味道倒模糊了。

不知道我不喜慈菇，它的苦味是不是一因。慈菇比芋苗硬，芋苗烧的时间长了就一塌糊涂，慈菇则时间短可以有几分脆，时间长了也还典型犹存。不过这里说"硬"主要是指味道上的，慈菇兼有苦与甜，都来得比较直接，论甜，不像芋苗、土豆来得含蓄，苦则是土豆、芋苗没有的。这苦与甜混合，在我感觉里就转化为硬，好比一个人，芋苗是没脾气的，慈菇就有脾气，是南方人的那种倔，倒不像苏州人，我没来由想到的是浙东人。

没想到好多年后，慈菇的那一分苦倒成了我走近它的诱因。此前吃慈菇，似乎就限于切了块儿烧肉，那一回在一家餐馆里遇到的却是炖汤。南京人以至江南人，炖汤会加入各种素菜（多为茎块类），但少有放入慈菇的。此所以那次排骨汤喝得可口，我根本没想到汤里载浮载沉的白色圆薄片乃是慈菇。江南人饮食上属于所谓"咸鲜口"，于一"鲜"字最是钟情，那汤自然有肉汤的鲜，却不是飘浮的鲜，而是鲜得沉着而腴厚，依稀有一丝苦味，是我后来给慈菇杜撰的，它特有的"甜苦"。

苦味虽也算是五味之一，却最不受待见，鲜有独当一面的时候（"人为"地往食物中添加味道，酸、甜、咸、辣皆有份儿，苦则终是缺席），只能隐身于其他诸味之后，唯到吃苦瓜时，才算是浮出水面的。"苦"之羼入菜肴之中，更像是不得已。但"苦"之为味，亦自有其妙处，只是处理起来须小心翼翼，要"苦"得恰到好处。苦瓜排骨汤即是一例，用盐抓一下或开水焯一下杀其彰明较著的苦味是一端，放入的量的多寡又是一端，终是要让其存在变得微妙——妙就妙在苦味的似有若无，能够感觉得到，却绝对是陪衬的身份。比起来慈菇的苦是更浑成的——原本就不是苦瓜那样一味的苦，无须杀苦的处理，且又自有其甜，到汤里苦、甜并作，合力给鲜汤托底，令汤更"厚"而有层次。故我真以为慈菇是炖汤的妙品了。

　　后来就看到汪曾祺说慈菇。有意思的是，他说小时吃慈菇吃倒了胃，后来对慈菇的再发现，乃是并非江南人的沈从文给启的蒙。沈从文赞慈菇"格"比土豆高，此处"格"当然是"格调"的"格"，"自成高格"的"格"，只是他老人家是一言道破式，高在哪里，并无具体的论证。不说别物，单是将土豆拿来与慈菇做比较，倒并不费解。因二者都多淀粉，又都是爆炒煮炖皆宜的。汪曾祺在沈家吃到的，便是慈菇炒肉。但他念兹在兹的，乃是他老家江苏高邮的咸菜慈菇汤。

这两样儿，都好吃。

都是最寻常的家常菜，尤其是咸菜慈菇汤，大约是各种菜谱不载的。汪曾祺关于咸菜说了不少，汤则语焉不详，只说久违了，到下雪天，很是想念。大约更多的是乡思的蛊惑吧。我读了却有点馋，虽未亲尝，想象中似喝过了，觉得咸菜与慈菇很"搭"。其实咸菜慈菇汤与咸菜豆瓣汤，又或酸菜老豌豆汤之类，搭配的道理是一样的。咸菜不以"酸"名，腌渍过后，却有酸味，慈菇、豆类多淀粉，烧汤则甜味泛出，中和了咸菜的酸与咸，变得柔和又不失其酸咸，别有一种鲜，且特别开胃。慈菇的一丝苦味在这里也有增"厚"味道的功能，发挥的应该是"正能量"。印象中南京人不大烧汤，慈菇炒雪里蕻倒常见。春节的"十样菜"里，切成丝的慈菇也是一样。

比起来慈菇炒肉要"入流"一些，因在一些小饭馆里可以见到。都是切了片与肉片同炒。不同在于有的撒葱花，有的加青蒜，我觉得加青蒜好。在自己家里做，我的一点改良是多放青蒜，差不多让它与慈菇、肉片鼎足而三。葱与慈菇，不能说不搭，但慈菇与蒜，似乎更相得。据我想来，不用鲜肉，用咸肉腊肉，连肥带瘦的，像炒回锅肉那样先入锅爆炒出油来，再投入青蒜慈菇大火爆炒，让腌腊味的肥油吃进去，或者更佳。

说到油与慈菇的关系，想起苏州街上见到过一种油炸的慈菇片，那是当作零食吃的，可称中式薯片。原以为这是苏州独有，后来发现云南人吃慈菇片也颇成风气。他们标榜的却是拿来下酒。也是油炸，淀粉一类油炸总是好吃的，何况慈菇原有它的苦与甜。

下酒，必是不差。

十样菜

　　若以各地过年标志性的吃食看人的性情，那得出的结论可能是，南京人相当之"佛系"。南京人的年，自然也是大鱼大肉的时刻。平日不得食或餐桌上难得一见的各种硬菜，此时少不得被隆重地端上。但万变不离其宗，堪称年菜之最的，当推"十样菜"。

　　"十样菜"容有种种变通，纯素的定性，却是板上钉钉，不可更改的。餐馆的出品，以"绿柳居"的最为有名，多少也与它是字号响亮的素菜馆有关。不管哪里，春节的餐桌上都有荤有素，而在"吃素"上郑重其事的，恐怕要数南京。

　　十样菜的南京属性，从新老南京人的态度就可见一斑。在过去，够不够南京，吃不吃、做不做十样菜，是检验的一个标尺。自做十样菜，几乎可以视为老南京的标识。第一代移民，多半还随身携带着家乡的传统，尤其是老辈的人，地方饮食畛域分明，传统还相当完整、牢固。且二十世纪五十年代至七十年代，大体是农村包围城市的态势，绝大多数人家，年菜绝对要靠"自力更生"。四川人忙着做"头碗"，高淳人忙着做豆腐圆子、子糕，我父母是泰兴人，年三十必忙着做馒头。十样菜对新移民差不多是一个异地的传说，由传说变为可及，是从有了市售的"素什锦"之后。

"十样菜"的说法，我也是很迟才知道，很长时间只知"素什锦"。"什锦"用于食物，指多种原料制成或多种花样拼合而成的食物。南京之外，说"什锦"，可能首先想到的是其他，比如什锦糖、什锦酱菜之类。四川一些地方的年菜称为"荤十锦"，著一"素"字，倒也可以将南京别白出来。只是正本清源，老南京都称"十样菜"，这才见得地道，更其"南京"。

"十"喻其样数之多，并非可可正是十样。多可至十三四样，上不封顶，少则六七样、七八样，亦无不可。当然样数不可太少，且以多为高。样数太少则"十样"——杂炒杂拌的菜，别地也多的是，唯一素到底，且多到"十样"之谱，似未见其他。

究竟是哪"十样"，也并无一定之规。饮食上的标准化，大都是餐饮成"业"才形成的，若家家户户好自为之，必是花样百出，难以一律。现今任什么市场上都能买到，过年的年菜亦复如此，但南京人家有不少还是坚持自己做，一大好处正在于可自加斟酌、变通，十样菜之"十样"，因此也有更大的变数。

只是"基本面"或"基本款"还是有的：芹菜、菠菜、豌豆苗、荠菜、金针菜、木耳、香菇、藕、慈菇、油豆腐、雪里蕻，都是。十样菜堪称大规模的跨界，因所选食材横跨干货（木耳、金针菜）、腌菜（雪里蕻）、鲜蔬（芹菜、荠菜、藕、慈菇等，且有绿叶，有根茎）、豆制品（油豆腐、百叶等）四界。未必同时登场，同类往往是可彼此替代的关系，比如油豆腐上了，没准就不用百叶；有荠菜了，豌豆叶可免。一起上阵也无妨，关键是不能缺类，各界都须有代表，少也得有。比如咸菜就必须有。

以我所知，与雪里蕻同为一类，可供替代的，有腌菜、酱瓜、榨菜。但后面几样出现的概率极小，因此雪里蕻几乎独成其类，可说是凭一己之力支撑大局。我所谓"大局"，是因雪里蕻的存在，十样菜隐然有了一点咸菜的风韵。在我看来，减去或以某样蔬菜顶替雪里蕻，对十样菜即或不等于灭顶之灾，也有釜底抽薪的意味。

但十样菜显然不是咸菜，以含"咸"量而论，它比过年时餐桌上也常见的"炒雪冬"（雪里蕻冬笋）更不是。咸菜是下稀饭、泡饭的，本是因陋就简的性质，过年不图这个，反倒是难得铺张的时候，哪能将就着"下饭"？十样菜不同于咸菜，它可以大口地吃，甚至可以拿来下酒。

可下饭，可下酒，已是两栖，十样菜非此非彼，亦此亦彼的特性，还有可说：说凉菜不是凉菜——没听说过凉菜是先经炒制的，说热菜又不是热菜——固然不妨热着吃，凉着吃却是基本打开方式。

我说先经炒制，恐有以偏盖全之嫌，因十样菜也可以是——烫熟之后再用香油拌。无可争议者，不拘炒还是烫，十样菜绝对是一道功夫菜。这里"功夫"主要不是指向厨艺的精湛，而是说，得花力气，花时间。那么多样菜，得一一择洗、泡发不说，还得一样一样分别炒好或烫熟。东北有一锅烩的"乱炖"，十样菜若不分彼此一起下锅则属于乱来。一样一样，得依其特性，各做处理。胡萝卜得用盐杀杀水再炒，方能保其色泽鲜艳；菠菜最好烫个几分熟再加入最后大会师式的合炒，否则太烂……

就是说，大有讲究。过年不讲究何时讲究？而且这可以是从下到上的讲究，家家户户都讲究得起。当然讲究到什么程度，没有底。我的连襟，地道老南京，奶奶是大户人家出身，过年做十样菜绝对是打点起十二分精神。其讲究更在对丝状的要求，刀工之好不用说，凡可细切者皆切得极细，最绝的是黄花菜用针挑，挑成丝丝缕缕。据说这样极能入味，口感又绝佳。

为何是这"十样"，而不是那"十样"？得从舌尖上说，从视觉上说，还要加上寓意的赋予。食材的去取，"合为时而作"是总原则，冬春之际，菜场上能见的，不说"全伙在此"，也有十之八九。另一方面，我觉得多少也是遥承本地人爱食野菜的余绪。

种种的寓义、口彩，何时都能成立，但既是为过年而设，也应是在春节被特别地"赋能"。事实上就像现在年糕早已不是与春节绑定的年食，十样菜也早就不是过年才出现的年菜了。既然嘴馋，何必非等到过年？只不过，未必打着"十样菜"的旗号而已。南京街头的卤菜店，有不少都有多种食材混合凉拌的素菜，可视为简版的十样菜，而绿柳居在大超市里设的专柜，素什锦是常年供应的。又有高端餐厅，将十样菜当作南京特色提档升级。十朝公园里新开的一家"元景宴"，就把它当作冷碟的一味，按"位"出售。这已是往升俗为雅的路子去了，大厨还强调，他家的十样菜独一份——能吃出锅气。

"自力更生，丰衣足食"的年代渐行渐远，过年时的十样菜也多由市场代庖了。春节前夕，菜市场左近必冒出一些做十样菜的，又必有一些居民中名声素著的摊点前排起队来。这属于专业的人做专业的事。各家自做，多者不过五斤十斤，不说一一拣摘切洗，一一炒制或烫熟的费时费力，单是采买上十样以上，每样又所需不多，就叫人不耐。

但据我所知，仍有不少地道老南京在十样菜上仍不肯假手于人。累归累，"忙年"却也是过年题中应有的一部分，自做十样菜乃是"忙年"最重要的内容，应该是老南京坚持过年仪式感的"最后的倔强"了吧？

零食乎？

旺鸡蛋与活珠子

得有点年纪的人才会去做这样的区分：活珠子是活珠子，旺鸡蛋是旺鸡蛋。

年纪再大点的人也许还会给个时间上的排序：先有旺鸡蛋，后有活珠子。不是说二者是鸡蛋孵化的不同阶段，活珠子是由旺鸡蛋演变而来；是说过去好这一口的，吃的都是旺鸡蛋，活珠子是后来才有的。

南京因为不南不北，亦南亦北，从人的性格气质到饮食上的特征，都显得面目模糊，就饮食而论，顶真说起来，所谓南京美食，没有几样是真正"原创"的。往往本地人认，外地人不认。我之所有，并非别地所无。"秦淮小吃"里，茶叶蛋、糖芋苗、萝卜丝烧饼这些，哪一样是可以称孤道寡的？

但是旺鸡蛋、活珠子，似乎未见有什么地方要和南京人争抢归属权。别的地方也有吃旺鸡蛋的，比如东北夜市上有烤毛蛋，即是把活珠子烤了吃，据说是极风靡的小吃之一，吃风之盛，至少从能见度上讲，更在南京之上。但鸡胚胎蛋当作一种地方小吃，在各种搜索中仍然与"南京"牢牢绑定。

旺鸡蛋（毛蛋）、活珠子，都是蛋与鸡的中间物，非鸡非蛋，亦鸡亦蛋，在由蛋变鸡的半道上因为干预，或其他原因，发育戛然而止。鸡是卵生，出生要有孵化的程序。不同处在于，旺鸡蛋是孵化十八天左右的蛋。活珠子则只孵了十一二天。

活珠子，有人称其得名因于发育中囊胚在透视状态下形如活动的珍珠，这种视觉系的解释似乎牵强，想象起来也很难"逼真"，不过字面上也还说得通。我不得其解的是旺鸡蛋的命名从何而来。"旺"是繁盛、兴旺之意，小鸡未生先死，还说什么"旺"？有人说"旺"为"忘"之误，其实应称"忘鸡蛋"：母鸡孵蛋，待小鸡出壳，带着走了，留下一二未孵出的在窝里，好似被忘却一般。这个说法我更容易接受，问题是，还得从众称"旺"。

记忆中早先是没有活珠子一说的，小时所见，都是旺鸡蛋。我猜测吃这玩意儿，起先是废物利用的性质。未孵化成功的坏蛋，弃之可惜，弄熟了吃了吧，不想吃出滋味来。中国的许多美食，就是这么来的。

南京人吃旺鸡蛋、活珠子，吃法也差不多就是弄熟那么简单。当年这是一种地道的街头小吃，街头巷尾，时能见到，餐馆里没有，家里自己也不做。卖旺鸡蛋的小摊，装备至为简单，一只煤炉，一口铝锅，就齐了。锅中蛋在水里煮着，煮熟了就行，一如白煮蛋。说成"小摊"都有几分夸张：馄饨担子、卖豆浆的，好歹都还有点小桌小凳供食客坐食；梅花糕、蒸儿糕通常是买了走人的，家伙什也还透着专业性。比起来卖旺鸡蛋太寻常，就像家里饭食移到街边来进行。食客有买了且行且食的，有持回家中的，也有当场吃了再走的，后者或站或蹲，少见坐着的，因几乎没有为旺鸡蛋而设桌凳的。

因是白煮，吃时得有蘸料，也简单，就是盐。盘子碟子之类是不供的，于是就见食客一手接过蛋，一边平摊另一手，伸到摊主面前，那人便倾上一小撮盐。我曾亲历，知道伸手讨盐可称为吃旺鸡蛋的标志性动作，别的街头小吃再没有的。但蛋是要剥了壳吃的，剥壳须双手并用，接盐占了一只手，如何操作，再也想不起。合理的步骤，应是先剥好了蛋再讨盐——这是我现在的逻辑推理。

蘸着吃埋汰了手，吃完了总不能扠挙着手一路走吧？倒也有符合彼时卫生标准因地制宜的法子：摊主会备一瓶水在那儿，朝手上一滋，食客两手搓弄两下完事。

旺鸡蛋的拥趸，以女性为多，大概凡吃起来要费点事，又不能"大吃大喝"的吃食，如炒螺蛳、烘山芋之类，都是这种情形。我在视频上见过东北大汉吃毛蛋，甩流星一般，一气十来个，不在话下，那是在烧烤摊上烤着吃，有的还是穿起来烤，肉串烤口蘑什么的一起上，已是撸串的性质。又兼喝着啤酒，整个转变为大吃大喝了。南京人吃旺鸡蛋时绝对地专一，小摊上除了旺鸡蛋再无别物。固然也有人要过瘾，一次吃上好几个，但因女性是主力，加上白煮的吃法，总体上画风要婉约得多。

我混迹其中，实有破坏画面的嫌疑："婉约"要有从容来打底，手法纯熟才得从容，而我于旺鸡蛋是久为看客，偶一食之，纯属好奇，吃起来不免笨手笨脚。其为菜鸟，不待上手，会家子就看得出来。内行吃旺鸡蛋有许多讲究，比如说，先得挑挑拣拣。俯身锅上，对锅中各蛋拨弄观察，乃是第一步，一样是死胎，内行眼里却有高下之分，而且是有专门术语的。旺鸡蛋又称"喜蛋"（怀孕称为"有喜"，鸡蛋孵化的过程约等于怀孕，故称"喜蛋"，虽然鸡死壳中，已是"丧"而不是"喜"了，却好歹比"旺"有迹可寻），已然孵化出整鸡的，称为"全喜"，半鸡半蛋的，称为"半喜"；"全喜"比"半喜"价位高，可知内行眼里，"全喜"才是上品。比"半喜"更等而下之的，是浑然一体的"混蛋"，据说若是在摊主面前吃的话，打开来看是混蛋一个，即以坏蛋论处，一钱不取。

我完全没有高下之辨，仅有的一次猎奇，吃的似乎就是混蛋，不知底细，也就没有捍卫减免的权利。倒也并未自认倒霉，既然不得要领，莫明其妙。过了十几年以后，活珠子已然登场了，我才知道磕破蛋头撕开包膜后那一口汤水如何鲜美，难怪当面卖旺鸡蛋的小摊上，总有吸吮之声。江浙一带的人唯"鲜"是尚，在旺鸡蛋、活珠子的拥趸看来，它与鸡蛋之别，正在其非比寻常的鲜美，而那一口汤更绝对是精华，令人销魂。这也是我料定烤毛蛋虽在东北大行其道，到了这边注定行之不远的原因。事实上东北烧烤在南京已小有气候了，从海鲜到各种肉，再到蔬菜菌类，无不拿来烤它一烤，但至今未见烤毛蛋。一烤之下，唯余焦香，汤汁涓滴不剩，当然不能说是取其糟粕，但在江南人看人，已是弃其精华，岂能接受？

不管南边北边，烤或是煮的，应该都是活珠子的天下了。从旺鸡蛋到活珠子，也是大势所趋，死胎带菌不卫生，活珠子仍是"活"的，谁不要健康呢？与之相伴的，是从街头的退隐，你再见不到蹲在路边吃旺鸡蛋的情景。但活珠子虽因此能见度降低，似乎要比当年的旺鸡蛋有了更广泛的群众性，因大超市、菜场，还有一些熟食店都能买到"六合活珠子"，可见销路颇广。另一方面，似乎又有那么点登堂入室的意思，"南京大牌档"等一些餐馆，菜单上居然就有。

我对旺鸡蛋的销声匿迹没什么意见，既然根本吃不出它与活珠子的差别。但像在别的事情上一样，原教旨主义者总是有的。有人坚称旺鸡蛋更美味。不知是不是呼应这样的怀旧情结，有一次我居然在大方巷发现了一处旺鸡蛋的遗存。是个卖酒酿、酱菜的小摊，招牌上还写着"活珠子/旺鸡蛋"，下面一口锅盛着。纯属好奇，我问摊主，两样在一处，怎么分得清呢？回说简单，浮上面的是旺鸡蛋，沉下面的是活珠子。想想也是，活珠子是孵化十一二天即被叫停，毛还未长出；旺鸡蛋，不管"全喜""半喜"，都已某种程度上"羽化"了，轻重自然有别。

晚上恰好遇到一位旺鸡蛋爱好者，告诉他我的发现，他很兴奋地说，居然还有旺鸡蛋，要去吃！看他的兴奋相，我开玩笑说，这玩意儿就算能见到也快绝迹了，可以申遗吧？他道，只要西方人放弃对中国黑暗料理的偏见，有什么不行？！

但我很快知道没指望了。有个老同学久居美国，吃了什么在美较难吃到的中国吃食就喜欢在网上晒，有天晒的正是旺鸡蛋。我看了好奇，问，哪来的？说是超市，不是华人超市，是越南人的超市。我还想，华人移民多，越南人在追着华人做生意了。不想他很快查了一段维基百科发过来，词条Balut，说是个菲律宾词，指煮熟了吃的胚胎蛋，中国和东南亚一带的街头小吃。还特别注明，源自菲律宾、越南。

只好自我安慰，至少在中国，论旺鸡蛋、活珠子，南京还是头一份的。

从高淳说到

子糕、豆腐圆子

高淳这个地方，不大南京。

其一，从老城区过去，两百多公里，地理上距离远，放在过去，去一趟高淳，绝对是出远门的概念。从地图上看，高淳像南京探出去老远的一只触角，即使有溧水维系，也还是像"孤军深入"。

其二，说话与南京完全两样，南京话属北方话，高淳话却是吴语系的。同样是后来才"归化"南京的六合，说话与南京明显不同，一张嘴即可分辨，但六合话老南京人完全听得懂。高淳话则是完全听不懂。现而今高淳已成南京人的后花园，节假日过去逛老街游慢城已成家常便饭不说，练习开车都能一路过去当作训练场。过去沪宁线上的苏州、无锡更是短途旅游的选择，上海作为大码头则常扮演终结者的角色。身边出现无锡人、苏州人、上海人，或是与其相遇，概率要大大高过高淳人，相比起来，上海话、苏州话这些更典型的吴语，似乎比高淳话还更容易懂些。

高淳已属出远门的概念又不在南京人出远门的线路上，这个如今已是南京一个区的地方，当年要进入南京人的视野，真还需要某种机缘。我最早知道高淳这个地方，是因为姐姐到那里插队落户。

"上山下乡"，让一大拨南京知青到了那里，去哪里不是你可以选择的，但似乎也不是没有余地，完全不可通融。挑插队的地方，似乎首先是看远近，比起苏北，甚至出了省更远的地方，高淳总算还不那么"千山万水"。

然而以二十世纪六七十年代的交通状况，去一趟也不易。母亲那些年去过好多回，看我姐姐。有时是个人行为，有时是以公家的身份去慰问知青——"上山下乡"涉及千家万户，城里街道这一级都有"知青办"，母亲就在这机构里。去高淳，得坐长途汽车，往那个方向，须先赶到汉府街的车站，总要四五个小时，才到得了高淳县城所在的淳溪镇，再到姐姐插队的沧溪，又得一段时间，当天去当天回是不可能的，都是在县招待所里住一晚。

去过多次，母亲一定在饭桌上讲起过高淳的情况，但我一点没印象，只是似有若无，知道有"高淳"那么个地方，那里是"乡下"，如此而已。

捋捋一个全然陌生的地方如何进入我们的意识，很是有趣。从抽象的概念到一个具体的存在，有一个"显影"的过程。这过程现在可以轻松到一触即得：在手机屏幕上滑滑手指，某个地方的讯息即"扑面"而来，从自然风貌到人文景观到市井日常。几十年前这过程要漫长复杂得多，你没地方去搜索。一个地方要"显影"，可感可触，传递出些许信息的，似乎只有区区"土特产"。

"土特产"又是一个正在消失的词儿，城市化、旅游产业化席卷而来，网络更是无远弗届，所谓"土特产"网上唾手可得，当地专营店里售卖的，只管满足外地人的想象，事实上既不"土"也不"特"，往往与本地人已不生关系。当年走亲访友捎来捎去的，才当得起"土特产"之名，数得出来的，又大多和吃有关，因携带起来方便，适于送人。

有些东西，或者是别地所无，却不能拿来馈赠。我在高淳老街上曾见过一种烧水炉，白铁皮做成，看上去与前煤气时代的城里用的煤炉大同小异，凡煤炉的功用，想来都具备，标明"烧水"二字，盖因外面的一圈是中空的夹层，有似瓶胆，烧时注满水，上面做饭烧菜之际，水也烧好了，还可保温。这物件并不是展示地方风情，据说当地人现在还使用的，包括城里人都也还用着。这是我在南京从未见过的，颇以为奇。但是当然的，它也从来没有被归入到"土特产"的范畴。

"土特产"既然以吃为大宗，很多时候我们与一个陌生地方的联系，没准倒是通过吃隔空建立起来的。到今天也还是这样，对南京及周边地方而言，高淳已然是与固城湖螃蟹牢牢绑定，固城湖螃蟹成为高淳的符号，吃过的人远比去过高淳的人多得多。"秋风起，蟹脚痒"的时节，南京人挂在嘴边的已不是阳澄湖，而是固城湖了。

但高淳螃蟹大规模登陆南京街市是后来的事，我的记忆里，对高淳的物质记忆起于豆制品——这可以算是当地美食的先头部队。探亲访友的捎带馈赠不算，豆制品应该是南京人普遍知晓高淳的起点。大概要到二十世纪九十年代，"高淳"的字样开始在不少菜场的豆制品摊档上显山露水，以此我推断，以人群分，最先对"高淳"二字眼熟的，多半是逛菜场的人。

豆腐是中国人的发明，东西南北，哪里都有，各地也都有区域性的叫得响的豆制品，安徽采石矶的茶干，至少在南京，一度就颇有名声。凡去马鞍山的人，都会买了吃或是带回来。那是即食的，有点像苏州的蜜汁豆腐干，零食的性质，算是那个年头的旅游产品开发，尤集中出现在车站、码头、景点这样的地方。高淳豆制品不同，跑到菜场里安营扎寨，瞄着市民的菜篮子直奔厨房，这是介入日常生活的节奏。孤陋寡闻，我只知那时菜场里蔬菜有标产地的，豆制品而打出地方性的旗号，好像没见过（后来则是以品牌而非产地相号召）。

一段时间里，高淳凭着豆腐干在南京混了个脸熟，好名声一时无两。彼时在家请客还很普遍，豆腐菜上桌，主人往往不忘提示一句：我这是买的高淳豆腐干啊。可见高淳豆腐干在豆腐干中属上品，已成共识。家家菜场，似都有高淳豆腐干的一席之地——并不是专卖高淳的，别地的也卖，只是唯"高淳"要表而出之。这大有必要，我不止一次在豆腐摊上遇到顾客在询问，高淳豆腐干有没有？

豆制品涵盖甚广，就南京菜场里的高淳出品而言，却是略等于豆腐干，豆腐不大见，也不知是不是后者运输、保存更麻烦的缘故。豆腐干并非浪得虚名：较寻常干子更来得细腻、紧实，也更有豆的鲜。当然是烹炒煎炸，诸般皆宜，但以我的经验，还是凉拌时，其优势更能彰显，故凡要做凉拌菜，辄非高淳豆腐干不取。

豆制品的做法大同小异，难有独得之秘，要说高淳豆腐干有什么了不得的地方，倒也未必。好多年后，我有机会向《高淳土菜》的编纂者马永山先生请教，他对当地饮食了如指掌，说到豆制品，他告我，漆桥有家豆腐坊，远近闻名，问当家的如何做得这么好？回说，就是豆子选得好，用心做而已——答得实实在在，没半点虚玄，当然，也并不是要瞒下什么祖传秘方。各地好的豆制品，也无非如此吧？往正经里说，关涉到所谓"工匠精神"，只是"用心"二字，如今是越来越稀有了。

不知为何，高淳豆腐干与我们的日常有点渐行渐远的意思，大约是不敌一些豆制品大品牌的市场化运作吧。倒也不觉得有多么遗憾。倒是高淳的几样豆腐菜，时在念中。既以豆制品闻名，高淳人餐桌上的豆腐菜自然花样繁多。这里面最特别而别处未见的，是豆腐圆子和烩子糕。

最初吃到，是过春节时姐姐带回家来。豆腐圆子和油豆腐果一般大小，只是作圆形，子糕则是饼状的，下锅烩之前才切成菱形的块。虽形状有异，做法上却有相通处。一是先将豆腐捏碎掺以他物，圆子加入鸡蛋，子糕加入鸭蛋；二是最后都以油炸来定型，圆子是团成球状就炸；子糕是先上笼蒸了，切成条再炸。豆腐中混入鸡蛋、鸭蛋，味道变得丰富，经油炸又特别入味，子糕蒸出许多孔隙，又富弹性，用肉汁烩了，或者径直与红烧肉同烧，饱吸肉汁肉香，真是美味。

加入鸡蛋鸭蛋是豆腐圆子和子糕的初始形态，后来与时俱进，又加入了肉碎，近年所食，多是改良版，以我的口味，只觉更好。

豆腐与别物做一处，客家名菜酿豆腐已开先例，只是那是"酿"的思路，与苦瓜酿肉、面筋塞肉之类略同：都是以肉为馅，"酿"入其中，唯酿豆腐是将豆腐块剜去一块，馅呈敞开状，半露其上而已。豆腐圆子和子糕则是将豆腐掰开揉碎，混入鸡蛋鸭蛋肉碎，已是浑然一体。与酿豆腐相较，别成一种风味。也许是因为多取烩的方式，特别随意家常，在我看来，尤有农家色彩。

我之于豆腐圆子和子糕，只知其味而不知其所以然，肉碎怎么跑到豆腐里去，很长时间于我都是一个谜。出于好奇，翻了翻菜谱，高淳的土菜，当然是本地人写的菜谱，一不小心，也用本地说法。我才看到"原料"就绊住了，原料是"胖豆腐"。胖豆腐是什么豆腐？什么样的豆腐可以称"胖"？当然忖度一下，我也猜出来了：就是豆腐，高淳人习惯这么叫，许是喻其相较其他豆制品的胖大而已。"胖"是对"瘦"而言，倒未见有相对出的"瘦豆腐"，以豆腐干的缩微迷你，似乎这么称呼也应景。

豆腐圆子和子糕的所以然，其实根本不待翻菜谱而后知，随便问个有点年纪的高淳人，都能跟你细细道来，因为他们不是亲手做过，就是见人做过。据说红白喜事，缺了这两样就不成席。倘红白喜事不常见，那逢年过节，则是家家户户都要做的——不是去菜场买回，是自己做，过年尤其如此，就像有段时间，南京城里过年时家家户户做蛋饺。与平日不同，过年的准备吃食，端的是大动干戈式，做好的豆腐圆子和子糕，不是一顿两顿，得够吃上一阵子。于是进得人家，咸鱼腊肉之外，又常见竹篮高悬，里面摊放着高淳独有的豆制品。

我很奇怪高淳早已成为南京一部分了，豆制品又几乎是有口皆碑，豆腐圆子和子糕却还没在南京城里显山露水，高淳土菜馆里或者偶一现身，菜场里却终是不见踪影。因了火锅的时兴，卖各种丸子、肉饼、鱼糕的摊档已属菜场标配了，从肉丸、鱼丸、鸡酥、蛋杯到荠菜圆子、藕圆子、萝卜圆子，总有十几二十种，独不见豆腐圆子和子糕。莫非是它们尚未找到自己的"应用场景"？想象一下，这两样在火锅或是汤菜里，确实不大容易出彩，但是可以买回家烩嘛——这有何难？

转念又想，留着些许土特产的意味，在自己的背景下原汁原味，倒也不错。反正以现在的交通之便利，想吃也不难，随便驾车，还是坐地铁，说分分钟就吃上太夸张，总不过类似一场郊游而已——不就是去趟高淳区吗？

冰棒与冰砖：马头牌

　　酷暑的南京，街头巷尾都可听见"冰棒——马头牌冰棒！"的吆喝声。

　　"马头牌"是南京冷饮的老牌子，冰棒、冰砖的包装纸上都可见一马头图案，上了笼头的。据说民国时就有了，倒也没被革命革掉。"敢教日月换新天"的背景下，从道路、行政机构，到学校、工厂，商场、电影院，也包括一些商标（比如"工农兵"牌棉毛衫）……好些名字都换了，冷饮却是"马头"依旧。

　　但吆喝声只道冰棒，不提冰砖，因按照"行商坐贾"的说法，冰棒是"行商"，冰砖则唯有"坐贾"。

　　卖冰棒，有守在路口或其他路人众多处"守株待兔"的，也有走街串巷，四处游击的。大都是一木制的箱子，里面四壁蒙着棉花保温，上面是加厚的棉盖头，每有交易，打开木箱，揭开棉盖头，便露出码得整整齐齐的冰棒。

计有四种：桂花、水果（香蕉或橘子味）、奶油和赤豆。最便宜的桂花冰棒，三分钱一根，最贵的是奶油，五分一根。最受欢迎的似乎是赤豆冰棒，与水果味的同价，顶端堆积着一些小豆，不像果味冰棒全靠糖水香精，端的"有料"。当然根根不同，豆子有多有少，碰巧得着的一根豆子多些，便欣喜如中头彩。

吃冰棒很能见性格，性子慢的一口一口地吮，冰棒一点点瘦身，直到最后剩一光杆。女孩冰棒在手往往并不将包纸尽行揭下扔弃，会留一半乃至吮到哪里揭到哪里，有那纸当托，若化了也不致弄脏衣服。男孩吃起来要暴力得多，往往不耐舔、吮，揭了纸便下口咬，一根冰棒鲜有不遭"腰斩"的。我记得四五岁时多次因吃得滴滴答答身上一片狼藉而被数落，稍大就再无这等情况，不是变得小心仔细，是没等怎么化，冰棒已被嘎嘣嘎嘣咬掉了。

冰棒无疑是当年夏日冷饮的主流，但并非全部。酸梅汤是另一大项。这原是可以DIY的，因商店里有酸梅粉卖，问题是，以我们的标准，"冷饮"必须沾上"冰"的边才算达标，比如绿豆汤，家里也做，因摆凉了也不过是常温，故不算冷饮，若是冰绿豆汤，就算。彼时任是家境不错的人家，冰箱也是决计没有的，所以冷饮没有自制一说。若是冰砖，则不仅是非冷饮厂不办，而且非有冰柜的商店不卖了。

　　冰棒与冰砖一字之差，却不能照字面推想只是形状之异。冰砖又称奶油冰砖，这是从成分上说，似乎很容易与奶油冰棒混为一类，实则虽都是奶、糖等物冷冻成的硬块，然冰棒不过是有点奶味的冰块，冰砖则可视为冰淇淋的一种，属奶制品，不过冰冻了而已。冰棒的"正确打开方式"是舔吮，冰砖则是吃，咬一口，满嘴的奶香，其细腻柔和，又哪里是一咬便满口冷硬冰碴的冰棒可比？

　　冰砖厚度在一厘米上下，巴掌大小，很长时间，都是一角钱一块，当年冷饮价格，无出其右者。倘若我们对冰棒、酸梅汤尚可保持"平常心"的话，对冰砖就"到底意难平"了。打个比方，吃冰棒、喝酸梅汤，好比吃素；吃冰砖则已然臻于吃荤的境界，相当之奢侈。不知是否与它的精贵有关，游走街头的小贩，通常箱子里都不会有冰砖，故家门口是吃不着的。

我买冰砖，或者是上学路上路过工人医院门口的小卖部，或是走一站地，到宁海路的一家较大的副食品商店，两处有一共同点，就是有冰柜。很大的冰柜，卧式的，门是对折了从上面掀开的，上面覆着厚厚的、脏兮兮的盖头。如要买回家里去吃，就得拎个冷膛瓶来——其实和热水瓶一样，都保温，只不过是直上直下碗大的阔口，东西容易放进去。因只派过这用场，我一直以为它是专为冷饮而设。

若是卖冰棒，就没这必要，因多半家门口、街对面就可买到，常见到有人拿个大茶缸，内插多支冰棒，往家走。买冰砖那么远的路，一般对待，到家没准就化得差不多了。寄身冷膛瓶而非茶缸，待遇不同，无形中也是一种身价的彰显吧？

我们吃的冰砖，又称小冰砖。有小必有大、中，我在南京却没吃到过。有个邻居，是个小青工，特能侃的，跟我渲染他出差上海时吃到了中冰砖，多大多大的一块，不是一层纸包着，是有个专门的盒，他没吃午饭，就拿中冰砖抵了——居然拿冰砖当饭吃，听上去简直奢侈得不行。几年后到上海，吃中冰砖就成为我预定的项目。果然也就吃到了，似乎并非大的商店里才有，因叹上海果然是上海。只是没有想象中那么大，似乎不足以充抵一顿饭，但我午饭的预算已花掉了，只好饿着。

虽如此，亦不悔。

梅花糕

　　说有容易说无难，在饮食上也是一样。梅花糕作为小吃，我原以为南京是独一份，后来在苏州平江府路看到海棠糕，一路卖过去，三塘街也一样，顶着"苏州小吃"的名。与梅花糕大同小异：都是面粉为皮，豆沙馅，在模具里烘烤，上撒红绿丝。只是海棠似圆饼，取卧姿；梅花糕的模子深而尖，类锥状，持在手中，不细看，还以为蛋筒冰淇淋。

　　"梅花""海棠"，不过是模具的不同，命名的逻辑是一样的，象形而已，事实上那模具仿的花形，说是什么花都可以。海棠糕的模子就是一圆形，哪里就海棠了？但我们的许多食物都有一个"美"名，跟美食之"美"顶真，属于典型的"煞风景"。梅花糕据说还是乾隆赐的号，更不容置疑了。乾隆下江南，在民间演绎出无数的故事，"十全老人"到处题诗是有无数的诗碑为证的，于美食赐名也多了去了，皇上赐名，只能是"喜欢就好，您随意"。

我觉得梅花糕与海棠糕名异而实同，以"实"而论，称为南京小吃就有点勉强。在网上查了一下，发现海棠糕为南京所无，梅花糕则在苏州是与海棠糕并举的，也有说这是典型的江南小食，苏州、无锡、南京都有。无锡和苏州挨着，南京与苏州隔着老远，为何常州、镇江不见，梅花糕一步跨过就到了南京？因为南京是大码头？

梅花是南京的市花，有个外地朋友据此判定了梅花糕的归属，全然不顾有市花一说是后来的事，梅花糕早有了。我也不纠正他，由着他自作聪明去酝酿美丽的误会。好在苏州人似乎也无意争版权，以我所知，梅花糕虽在苏州也能见到，主要的"应用场景"却已在南京。前面说过的，海棠糕与梅花糕材料相似，做法相似，味道大差不差，个头上后者大不少，价格也高些，游客不图一饱，尝个新鲜就可以——没准苏州人想，大个的就让"南京大萝卜"卖去吧。

江南的糕团，多是米粉做的，扬州的千层油糕、更常见的发糕都是包子馒头店卖，不宜以糕团论。梅花糕是面粉做的外皮，却又不傍包子馒头，独成其类。都是现做现卖，现卖现吃。包子馒头食客现吃的固然不少，买上多个带回家中似也是常事，但不像梅花糕，通常上手就吃起来，若是买上几个，保持不走形都成问题。

现今店家喜欢标榜"纯手工"，梅花糕和后面提到的蒸儿糕绝对可以满足这要求。"纯手工"于我，吃还在其次，现场看制作的过程更是一乐。这也是为什么梅花糕一类的传统吃食，吃的人其实不多，相关的短视频却实在不少。

做梅花糕的模具是个大家伙，模具与锅的合一，大号的铁锅大小，却是直上直下的六边形，铁皮围起，高出操作面寸许，围在当中花瓣状的十来个上大下小的洞眼便是下料的所在。先倒入面糊，面糊烘烤之下沿"洞眼"壁结成一坨了，就往里塞馅料，而后再浇上一层面糊封顶，如同加盖，将馅料包起来。不是一只只加"盖"，是往整个台面上浇，辅助的手段是将模具整体倾侧，一会儿向这边，一会儿向那边，务使面糊均匀铺满，有似整体浇铸。那么大家伙，是要一把子力气的。

模具锅有一手柄，便于操作，我见过一师傅干脆单手持起来晃动，当然不是颠勺，看上去像一面加大加厚的手鼓。

后续的程序还包括往"盖"上加各种料，红绿丝、红枣、葡萄干。万事俱备，出锅使的是一小小的钢钎，别处未见，不知算不算特制的工具，用钎子戳一下，探其熟也未熟，熟了就沿孔眼划一圈，令整体的那层顶盖分离，再一扎到底，将一块块梅花糕从模子里取出，置一小纸杯中，交到食客手上。

整体浇铸的那层面糊，传统的做法是用面粉，据说现在凡南京的，都已迭代为糯米粉。南京人的推陈出新，更显眼的是在上面又堆了层小元宵。记不得在哪儿吃过一回，小元宵不是平铺，是堆叠起来，累累如攒珠。奶茶里有珍珠奶茶，梅花糕上是"珍珠"的又一种运用，运用之妙，存乎一心，中国人在吃上面的想象力，真不是"盖"的。

据说原先的梅花糕，上面只有青红丝、葡萄干、红枣等等，都是后来的添加。比起来，我觉得这些都还是简单叠加式的衍义，以糯米糊封顶，加堆小元宵更具革命性。不是做加法，是做乘法了，由此梅花糕的口感由面托的脆硬，豆沙馅的近"爆浆""流心"之外，又多了一层软糯。

发明权大约是无从追溯了。有次在马台街见到"孙氏梅花糕"，守摊的是个中年女子，说她干这个已经二十几年了，以糯米糊代面糊，还有小元宵堆上去，就是她家起的头。二十几年前梅花糕五角钱一个，根本卖不动，改良之后，价格上去了，倒好卖了。

但是别家又有别的说法。像许多食物一样，所谓"始作俑者"，殊难论定。但这新派攒珠梅花糕应该算到南京头上，大概是不错的。因苏州的梅花糕不唯名声被海棠糕所掩，存在感远不及南京，而且面上一仍旧观，与海棠糕看相差不离。以升级版梅花糕而论，算作"南京小吃"，也无大错。

蒸儿糕

　　蒸儿糕是米粉做的，比梅花糕更接近糕团店意义上的"糕"。但是糕团店尽管花色品种不少，也有将各色糕团一网打尽的意思，却似乎从未将蒸儿糕收编。糕团店是全天候，并不强调热食，蒸儿糕讲究的是现做现吃。当早点的，却不与豆浆油条为伍，似乎也不与其他任何早点打伙，记忆中总是形单影只，一副担子，一头是盛米粉的家伙，一头是炉子蒸锅，上面的蒸筒在冬天早晨的街头喷着热气。事实上并不是冬天才有，就因喷气式，印象中总是在冬天的背景上。

　　小时候，蒸儿糕最吸引我的，是锅具顶端的蒸筒，蹲在形如倒扣着的锅上，接受聚在下面的水蒸气，看上去有几分像喇嘛庙的白塔。木制的，厚的壁，厚的盖，既是蒸具，也是模具，米粉就在里面塑形，成为上大下小圆形的糕。现在的蒸儿糕，同时有几只蒸筒在炉上进行，小时所见，都是独头，卖糕的备下两只蒸筒，一个蒸得了取下，马上将填好米粉的另一只换上去，动作麻利，转换之间，很是魔幻，那蒸筒扣出一块糕来，转眼又填入米粉，在我眼中有似魔术的道具。

蒸儿糕用的是湿米粉，虽经经了水，仍是粉状，有点像白化的豆腐渣，不是做汤团那样已然揉作一团。米粉进了蒸筒，并不去压实它，铺上一层，撒些芝麻糖屑进去，再拿米粉盖上去，仍不压它，只齐着筒口抹平，盖上盖就蒸。盖如茶杯盖一般，挺厚实，盖得严丝合缝。到时候就喷出汽来。蒸馒头蒸包子，笼上水汽袅袅而上，它则像压力锅似的，横着喷出，猛得多。对小儿而言，出汽的那一下，与爆米花最后的轰然一响一样值得期待，可以算蒸儿糕的又一看点。

因是粉状，又不施压，全靠水蒸气和米粉的黏性成块，蒸儿糕很是松软，口感上接近南京人口中的"茶糕"，不同处是茶糕是大大的蒸箱蒸出来切作四方。袁枚《随园食单》"点心菜"里有"雪花糕：蒸糯饭捣烂，用芝麻屑加糖为馅，打成一饼，再切方块"。在哪看到有人说就是蒸儿糕的滥觞，不知从何说起，以形而论，说是茶糕的前身还更合适些。而且原料虽相同，单凭"糯米饭捣烂"这一条，细究起来，与筛粉蒸而为糕的茶糕，也还划下了道儿。

又一条，蒸儿糕的芝麻糖屑是撒上去，薄薄一层，与袁枚所说的"馅"恐怕也有距离。是意思意思的馅，略添香甜之意，若有若无。蒸儿糕纯是清淡口味，与之相比，梅花糕才是重口味。曾在蒸儿糕摊上见卖糕人要求摊主多加芝麻糖屑，也有摊主示好食客，在馅上加大力度，一大勺上去的，我觉得比例失调，破坏了蒸儿糕的"原味"，干扰了米粉的清香——米粉原本也有属于它自己的甜，清甜。

时推势移，蒸儿糕现今也变换出新的吃法了，比如拿来包油条。法子和蒸饭包油条如出一辙：将蒸儿糕从蒸筒里扣到毛巾上，压扁了加上油条，卷起毛巾使劲一拧。如此这般，比起多加芝麻糖屑来，就更失了蒸儿糕的本义了：原本吃的是松软，这么一弄，松软再不可得。

好在这是好事者的独出心裁，似乎还不算蒸儿糕的升级或迭代。

油球

南京人号称"大萝卜"，有一层意思是说南京人不够精明，也不够聪明。起先没准是外地人的嘲讽，后来南京人也就带几分自嘲地照单收下。南京人之欠二"明"，有种种表现，也见于吃上。即以寻常可见的糕饼、点心而论，就举不出几样，当真是南京土生土长的。蜜三刀、萨其马都是北边的，京果之为京货，从名字上就可知道，云片糕到处有，也非南京特产。有一样叫作"金刚脐"的，我在别处没吃到过，以为是南京人的发明创造了，一加追究，却是扬州人的专利。只有一物，看来别处没有，我说的是油球——二十世纪五六十年代出生的人关于吃的记忆中，油球的地位，举足轻重。

油球的做法一点不讲究，标准粉加糖经发酵的面，裹了豆沙或枣泥制成的馅，弄成球状，下油锅炸到焦黄捞起，装箱就送到店里卖了。我说不讲究，盖因与桃酥、蛋糕等相比，做油球不用模具，形状不规则，随意性更大，说是"球"，其实也就是大概其的一团，还没麻团来得圆。

既为油炸食品，工艺又不比油条、麻团复杂，原是现吃味道更佳的，也不知为何，从来没见过现做现卖的，烧饼油条店不做，都是糖果冷食厂生产，在路边小店或是副食品商店里卖。其归类也因此不是早点，而属饼干糕点。多少与此有关，缺吃少穿的孩提时代，油球在我们心目中，远比烧饼油条来得高级。倘以"吃饱""吃好"二分说事儿，则当饭吃的馒头、烧饼属"吃饱"的范畴，油球却几乎跻于"吃好"的境界了。

我印象中，油球在不当饭吃的食物当中是最便宜的。一两粮票四分钱一个，比桃酥、面包，甚至比金刚脐还便宜。那时充早点的烧饼有两种，一曰大烧饼，一曰酥烧饼，大烧饼二两粮票五分钱一个，与馒头同价；酥烧饼二两粮票七分钱买两个，合三分五一个，与油球相较，也真是只在毫厘之间。如果单买一个，四舍五入，就是四分钱，与油球平起平坐，但是如果自由选择，几乎可以肯定，小孩都会弃酥烧饼而取油球。一者烧饼是咸的，油球是甜的，凡甜品就搭着零嘴的边，有解馋之功；二者油球有馅，尽管只是敷衍了事的一点点，也还是弥足珍贵。

从经济学的角度考虑，这样的取舍也有充分的理由：糖比盐贵。有一阵食糖供应特紧张，据说做油球不用白糖了，改放糖精，吃起来甜里面就带出一丝苦来。至于那一点象征性的馅，因为少到实在是点缀的性质，再加随手揉搓，不易居中，吃时很难"露馅"，时常咬上几口还没见着影子。刚上小学时，有一同学难得身上有几文零花钱，买了个油球，其期待可知，谁知半个已经吃下肚，还没见到馅，以为店家以次充好，捧着剩下的半个，权当物证吧，由我们在场的人相帮着返回小店去论理。店主是个老太，说都吃成这样，谁知是不是吃掉了赖我？我们都证明，真的没吃到。老太看不像是小无赖，便让再往下吃，或掰开来看，掰开来看时，可不是有那么一点豆沙寄居在角落里？众人自知理亏，当即偃旗息鼓。

饶是如此，油球还是许多小孩的最爱。倒不是我们对蛋糕、蜜三刀之类不生向往之情，实因那些太贵了，只能偶尔一吃，多半还是家里大人买，以我们兜里的"私房钱"而论，差不多也唯有油球，尚在可望而又可即的范围之内。

我说"解馋"，事实上油球也当饱的，我想不出其他那样便宜食物同时兼具这双重功能。所以下乡劳动或到外地参观，也有人带上几个油球当午饭，这几乎等于把点心当饭吃，于是引来旁人的羡慕。某次大概就是这样的情形下，我见识了一回吃上面的打赌：有个家境不太好的同学，午饭带的是自己家蒸的大馒头，看人吃油球，咽着口水道：油球，一口气十个他也吃得下去。就有人表示不信，其中有个家里有钱的，兜里常有一角以上的大票子，声称若吃得下十个，他出钱，算白吃。若吃不下去怎么罚我忘了。

原本就是一说，架不住我们在旁边起哄，过几天某日放学后我们五六个人当真聚在一起要看二人放手一搏。现场设在校门口一小店边上，我和另一同学为这场豪赌还各支援了二两粮票，盖出钱的人虽备足了四角钱的巨款，粮票却弄不到那么多，只偷到了半斤。一两粮票的缺口我们议决等吃下九个后再说，出钱者又提议两个两个买，以防靡费钱财。

当吃到第五个时，设赌的已经觉得不妙，因吃的人神情自若，吃得津津有味，没半点饱了撑了的意思。第六个吃完，众人都觉得胜负已分，没什么刺激，有点意兴阑珊。倒是边看边咽唾沫，油球此时越发变得诱人起来，勾起了饿与馋。有人就提议，剩下的钱买油球差不多还够在场的人每人分一个，与其这样消耗，不如请大家算了，并且他愿意把身上刚才秘而不宣的一两粮票供献出来。

这当儿出钱的人一言不发，脸色越来越难看，大概越来越真切地意识到要破产了。忽然大声说：他肯定中午没吃饭，这不算数！那一个听了停下口，涨红了脸道：吃了，而且是两大碗。这是没人能证实也没人能证伪的，于是吵作一团，我们显然站在"吃"的一方。这时出钱的干了件很坍台的事：他忽然气鼓鼓地一言不发，瞪着对方，而后很突兀地拎起书包，拔腿便跑。

事后想来，他也许是无法面对"破产"的事实，要知道即使富有如他家，四角钱的一次性消费（而且是二三年级小学生的消费），也绝对不是小数；也许他的钱和粮票一样，部分是从大人那儿偷来的，尽管他曾炫耀他妈妈有次给过他一元钱。无论如何，他的落荒而逃都可以理解为一次小型的精神崩溃。

我们愣了一会儿，回过神来，发声喊，追踪而去。

也算『探店』？

马祥兴与『美人肝』

　　鼓楼一带，名声最响的餐馆恐怕要数"马祥兴"，紧邻"曙光电影院"的三层小楼。"曙光"是一九四九年后新建的，"马祥兴"那栋楼则肯定是民国建筑。凡民国建筑，都是有来历的，尤其是公共建筑，往往几易其主。"马祥兴"是从别处搬过来的，似乎是与"公私合营"同步，计划经济，也包括房产的统一安排，"马祥兴"应是与"大三元""四川酒家""绿柳居"等一样，成为南京市饮食公司一员后被安排迁入鼓楼显眼位置的小楼。我一直想知道那栋楼原先的主人和用途，却一直没弄明白。

　　不知是它家宣传做得好还是别的什么缘故，南京与它家相同档次的餐馆，其名菜我不大报得出来。比如

"大三元""四川酒家""绿柳居""一枝香"各有什么招牌菜，未曾听人说起，"六华春"的炖生敲，也是后来补课才知道；但马祥兴的"四大名菜"松鼠鱼、美人肝、蛋烧卖、凤尾虾，却早就如雷灌耳，不单我，许多人都是如此。

四大名菜里，最稀奇的要数"美人肝"。其他几道菜，命名或是象形或指事，都还有迹可寻，现在看来，也没多特别：松鼠鱼几乎哪家都有，凤尾虾也一样，过去都是要功夫要技术的，现在炸成形的鱼，剥了半截壳的虾，半成品都有了。蛋烧卖蛋皮包了虾仁上笼蒸，在过去也算讲究，而今虾饺随广东早茶而走俏，相形之下，蛋烧卖已没什么号召力了。

"美人肝"却是羚羊挂角，无迹可求，空灵得不行。传说是这样的：说民国年间，当然是定都南京之后，某日一名流请客，宴开八桌，厨下备料不足，名厨马定松急中生智，抓过鸭内脏中弃而不用的胰子与鸭脯肉一同下锅爆炒。端上桌居然很是惊艳，问这是何菜，马定松脱口而出："美人肝。"

这可能要算南京人最熟知的美食传说之一。美食佳肴，常须故事的加持。比起来，与"珍珠翡翠白玉汤""叫花鸡"之类拉来皇帝老儿帮衬的段子不同，"美人肝"绑定名厨，其由来听上去不算离谱；另一方面，变废为宝，化腐朽为神奇，则又神乎其神。

人所乐道，还有一个原因，恐怕是名字叫得响亮，耸人耳目。但我恰恰是被"美人肝"三字绊住了。首先，大厨为何要起这么个菜名？

下箸之际听到报出"美人肝"三字有什么反应？有没有人较过真？若是以为很妙，那妙在何处？有一类命名或说法就是这样，其逻辑就是反逻辑：劈面惊艳，同时不知所云，似乎就是冲着把人整晕的效果去的。总之很无厘头。不说"美人胰"说成"美人肝"，想来是说胰子太绕，毕竟不是常见的食材，但让人往食材上去想，是原本凌空蹈虚又回到实了。拉来"美人"，只能是视觉上的唤醒，喻其色泽娇艳，不仅味美，亦且"秀色可餐"。真要逻辑地想，那就"细思极恐"。《水浒》里武松、杨雄一流好汉对潘金莲、潘巧云的处置不仅是千刀万剐，而且要剜出心肝五脏炒了下酒才解恨。这是正经提到了美人的肝的食用的，恐怖不恐怖？

"美人肝"的出处断不在此（以美人名菜，前有"贵妃鸡""西施舌"，"美人肝"有路径依赖也未可知），我承认这联想阴暗且大煞风景，肯定属于过度诠释。推敲一道菜命名的理路，在我并不经常。如此这般浮想联翩大钻牛角尖，实因这故事是马祥兴的经理为我亲述，巨细靡遗讲得眉飞色舞，印象深刻。有此机缘，则是其时我正要写一篇关于马祥兴的文章。不是报道，是南京市要编一部文化方面的书，牵头者是顾小虎，江苏新时期文学的风云人物。编辑部设在"东宫"，第二历史档案馆隔壁，原国民党中央监察委员会所在地。书中有一版块是百年老店的，我不知为何认了"马祥兴"和"李顺昌"两条。有天跟朋友从曙光电影院看完电影出来，从马祥兴门前经过，忽想到，何不进去访一访？

摸到二楼的办公室，自我介绍一番，经理便接待了我们。我并无记者证之类，也没出示什么证件。那位经理所述，并不比我此前找到的资料丰富多少，除了对"美人肝"的来历有更绘声绘色的渲染。我关心的不是段子，对那次经历记忆犹新，不在采访时有所得，而在告辞时的狼狈。

起身时差不多正在饭点上，经理说，吃个便饭吧。我连忙拒绝，再邀，再拒。不是虚邀，经理叫手下上来，想来是要吩咐做什么菜，我相应提升了谢绝的力度，声称晚上有要事，迅速告辞，像是落荒而逃。

出来后一起去的朋友奚落道，你慌什么？整个一个"逃之夭夭"嘛。我也说不清是什么心理，下意识里也许是怕对方误认我这个点来访有蹭饭的意图，赶紧要撇清。虽然在回去的路上我就后悔了。

我和朋友一路讨论经理口中的"便饭"会有什么具体内容，这无疑加重了我的悔意。既然大谈特谈"美人肝"，也许会让品鉴一下？果真如此，我们岂不是与"美人肝"擦肩而过了？——虽然"细思极恐"，我显然不会因此拒绝一探究竟。

好在没过多久，有次江苏文艺社宴请到南京大学讲学的李欧梵先生，恰是在马祥兴，算了我一个。四大名菜，一网打尽。只是对"美人肝"期望值太高，吃下来还是凤尾虾和蛋烧卖印象深些。"美人肝"须预订，至少有段时间，散客是吃不到的，整桌的席面才有。据说要五十八只鸭子的胰脏才炒得一盘，经一番渲染，越发神龙见首不见尾，像个传说了。我的疑问是，凡禽类的内脏用作主料，炒一盘菜不都得用上许多只鸡或鸭吗？谁会为一盘炒鸡杂、炒鸭杂这么算账？何况鸭胰子是废物利用，是拿来凑数的，赞"美人肝"赞到食材上，好比夸花儿尽在说它如何够分量。

"美人肝"的难得，当然在厨师的技艺。鸭胰子本身说不上有多鲜美，成就美味，关键在一个嫩字。嫩不嫩又取决于火候，凡炒菜都讲究火候的把控，"美人肝"却似乎特别需要精准，堪堪在断生的点上，食材所限，失了那份爽滑脆嫩，则意趣全无。后来又多次在马祥兴吃过，只有一次，当真吃出过好来，可见火候拿捏得恰好，也是可遇不可求。最糟糕的一次，是偶从马祥兴经过，发现门口海报式的菜单上有——居然可以单点了，这好比美人出深闺呀，就点了一份。结果一塌糊涂，感觉就像一幅原本寻常的画去掉了画框，现了原形，就是炒鸭杂嘛，比炒得好的鸭杂还不如。

我供职的南京大学挨着鼓楼，那一带是我常常活动的地盘。夸张点，可以说老马祥兴是在我眼皮底下消失的。不独他家，隔壁的曙光电影院，对面的副食品大楼、鼓楼百货商店、鼓楼浴室、红霞布店……统统消失了。还有更早拆除的检阅台。像新街口、山西路这些中心区域一样，鼓楼日新月异，面目全非，唯道路和梧桐树依稀可见城市旧日的痕迹。城市改造令许多老字号失了存身之地，有的名存实亡，像军队打没了还保留了番号，有些番号也取消了。马祥兴算是好的，很快在云南路上重起炉灶，新店和老店相比，要气派得多。只是像一众老字号一样，江湖地位和几十年前相比，已不可同日而语。

因有个同事是真正的穆斯林，我们专业的聚餐多选在马祥兴、安乐园，这两处去得反比以前多了。马祥兴新店的装潢突出了穆斯林风格，反让我想起，在老店就餐时，经常意识不到这是一家"清真"馆子。这和菜品有关，"四大名菜"很江南，更早的名菜"胡先生豆腐"也是，你在一楼吃牛肉包子、牛肉面比较"清真"的话，进了二楼的包间，就一点不觉有"异"了，甚至也闻不到"安乐园"那种标志性的牛羊肉气息。

"四大名菜"仍是看家菜，每次去吃，即使不是全部，其中的一两样是必会点的，但是印象很淡漠。事实上在重口味碾压的大餐中，它们已经边缘化了，虽然店家仍在重点宣传，其情形有些像许多机构设置的名誉主席，荣誉性质，不理事的。我估计"美人肝"仍是众多食客会点的，但恐怕也就是聊备一格的性质，虚君共和的局面。

和马祥兴最近的交集，就是现在。关于拆除的时间，很是模糊，忽然想弄个明白，便去网上搜。结果没搜到相关内容，倒把百度相关词条看了一遍。看到某个部分，觉得有点眼熟——是我写的吧？当时写了啥，早记不清了，只是个别地方，有些遣词造句看了还能相认。百度的词条，都是小编东一处西一处拼凑而来，有时甚至前后矛盾，牛头不对马嘴，现在很多人倒是居为典要的。果真如此，我写的那些，也会成为马祥兴传说的一部分。我写下的，又是从哪里杂抄而来，还原不回去了。

因想起《围城》中方鸿渐在一小报做资料室主任，常抄些菜谱之类填报纸的版面，孙柔嘉笑话他：家里油瓶倒了都不扶的，跑这儿指导起厨事来了。我不应妄自菲薄，当年身体力行找材料，还做了田野调查的。但归根结底，"千古文章一大抄"啊。信然。

一家春与野马饭店

一

二十世纪七十年代，我的中小学时代，家住随家仓。

沿广州路过去，要到珠江路口，才有一家像样点的馆子，叫"一家春"。下午常大排长队，等着刚蒸好的一屉一屉的豆沙包。

就餐环境简陋到不能与现今的单位食堂相比，到八十年代初，仍是方桌、条凳，然而菜单上居然有清蒸鲥鱼。我对此印象深刻，实因上小学某次家里来人，被差遣去买这道菜回家待客。现而今稍有档次的餐馆均明示只能堂食，吃不完才可打包，"堂食自提均可"属降志辱身，出于无奈。当年则堂食的人少而又少，请客也多半在家中，买一两道菜回来"点睛"一下，已称得上隆重。我小心翼翼持回家中的，还不是整条鱼，是中间一段，盛在自带的饭盒中。鲫鱼带鳞，鳞片微闪银光，碧绿葱花点缀其上，最诱人者是与鱼段同蒸的肥肉丁，晶莹剔透，在馋涎欲滴的目光的凝视下，璀璨如宝石。

这样的"自提"，可能不止一回，但我和"一家春"的主要联系，还是他家的豆沙包，站那儿排队。我确切记得的一次堂食，已在上大学以后。因都是走读生，宿舍里没床位，几个"无家可归"的南京人常混在一起，说"抱团取暖"太悲情，事实上是常在一起玩儿，包括喝酒。我是小字辈，抽烟喝酒上的"后来居上"是后来的事，那时还在接受他们的"启蒙"——其中两位，似乎特别有提携小老弟的冲动，每喝酒必要带我，高潮的一次，就是在"一家春"。

穷学生，喝酒也无甚讲究的，往往就是在食堂，或是在宿舍，不择地而喝。那次下馆子，或许是因为徐姓同学游了趟四川，带回一瓶泸州老窖——好酒，不可造次，"吃"也须配得上"喝"的身份吧。炎热的夏天，前空调的时代，店里燠热难当，空对一瓶好酒，食不下咽，第一回"登堂入室"，我居然完全不记得点了什么菜，只记得周围吵吵嚷嚷，有一种类乎苍蝇馆子的热闹。

都没胃口，但都认定一瓶好酒三个人喝不完，传出去难听，所以都有喝干它的决心。下酒菜下不去酒，怎么办？不知谁的主意，说拿冷饮下。街对面恰好有家食品店卖冷饮，我自告奋勇过街买回一堆，接下去我们便咬几口冰棒喝两口酒，硬是把泸州老窖糟蹋完了，几道菜没怎么动，等于也是糟蹋。

我不知道以长远的眼光看，那顿酒是否也糟蹋了我们的身体，但立竿见影糟蹋了我们的肠胃是肯定的：还未离席已觉肚子难受，此外还头疼，太阳穴直跳，一下一下撞着脑仁。我对"一家春"的最后记忆因此一片模糊。我们是在一楼堂食，照说它家应该有二楼，有包间，却没一点印象。我甚至也说不出"一家春"是什么风味的馆子，哪几样算他家的拿手菜。

说"最后"，是因为"一家春"很快就不存在了。那一带拆了一大片，而后立起了"中山大厦"。"中山大厦"应算是南京最早一批集宾馆、餐饮、商场于一身的综合体了，珠江路、中山路交会处的这一角，因此全然改观。差不多就是"一家春"的位置上，出现了家粤菜馆"翠香阁"，占据中山大厦面向中山路那侧的一部分，可能是南京最早引入广东早茶的店家之一。二十世纪九十年代初刚开始营业的那阵我去过多次，却不是吃早茶：他家一楼做的是快餐，不是饭点也开着，落地的玻璃，开阔的空间，干净敞亮，关键是，还空无一人，几元钱买瓶金陵啤酒，可以待上一下午。

翠香阁到现在还在，虽然已龟缩到二楼，好歹没像"一家春"，消失得无影无踪。有些老字号消失一段时间之后，重又现身，比如江苏酒家，比如老广东，不指望"家道复初"，至少是续了香火，"一家春"则好像没留一点痕迹。我说说旧时印象，从吃货的角度说，几无实质性内容，"存目"而已——书籍正文失传了，只一鳞半爪的题目，差不多就那意思。

但我发现就公众的记忆而言，"一家春"似乎连"存目"也困难了：老南京忆旧，对"大三元""马祥兴""四川酒家""六华春""同庆楼"等如数家珍，甚至"小上海""三六九"都有人提及，唯独"一家春"，就没见人提起过。到网上去搜，可以搜出一大堆"一家春"，或是饭馆，或为品牌，一致之处在于，与珠江路口的那家，没半点关系。

二

"野马餐厅"与"一家春"风马牛不相及，硬要说有关系的话，那只能说，它们是地理上的关系。相去不远，都在珠江路与中山路交会的角上。"一家春"面朝中山路，"野马"则在珠江路那一侧。但说它们是近邻也牵强，因两家并不处于同一时空："野马"出现，是中山大厦开业以后的事，租的房应该就是中山大厦的一部分，"一家春"恰是中山大厦的"牺牲品"，因大厦的兴建而失了存身之地。

这样说起来，"一家春"与"野马"分属于两个时代。"野马"初起时，绝对是"新生事物"，只是时移势易，"新"也会变成"旧"，最终也会消失。冥冥中怎么会让两家不相干，又都未吃出名堂的餐馆在意识里重叠起来了呢？也许同一性在于，其消亡我都可以算一个外围证人，俗称"吃瓜群众"的那种？

"野马"是二十世纪九十年代出现的，应该是与"下海"大潮同步。和那一波新兴起的许多"高档"餐馆一样，给人印象深的首先不是口味，是装潢。印象尤深的一点，是喜欢用镜子，坐在哪个位置仿佛都是镜中人。"野马"亦如此，或只有更夸张，吃顿饭恍如在镜子的十面埋伏之中，配上白色的桌椅，让人有置身于卡拉OK歌厅甚或婚纱影楼的眩晕感。

如此土豪，与"一家春"判若两个世界。事实上也是。"野马"这一类的馆子把饮食江湖原先的差序格局搅乱了。二十世纪五十年代一波"公私合营"，南京餐饮业彻底洗牌，凡有些头脸的餐馆都在计划之列，成为国营。那以后餐馆的等级、档次有种自上而下的分明：头等的，属市饮食公司，"大三元""四川酒家""马祥兴""老广东""绿柳居"……次一级的"安乐园""三星糕团""宁波汤团""小上海"……归区饮食服务公司，等而下之，那些食堂性质，包括烧饼油条店，也管着，只是不算正规军，非"国营""大集体""集体"的性质。总之如同国家队、地方队的区别，秩序井然。我并不确切知道"一家春"的来头，只从外观、规模上看，总是区一级的正规军吧？

现在"野马"闯入，其浓重的土豪气派竟是摁它不住——你说它属哪个级别，什么档次？当然，按"舆情"，肯定是"高档"。我的印象是，除非金陵饭店梅苑、中心大酒家中餐厅那样的所在，餐饮都被民营"高档"去了。一般人吃不起，高校教师待遇正是至暗时刻，我是绝对的过其门而不入派。出入的大都是"下海"的成功人士，除了招待客户，那个时段，他们好像有义务似的，要请熟人朋友体验一把"高消费"。我被拉去，通常并没什么心理障碍，"苟富贵，勿相忘"，老交情，宰一刀，该的。唯有第一次去"野马"那回，有点特殊。

因为请客的人原先不认识（且称作S吧），而且不是请一大桌，只三四人，主要就是请我。居间的是个很熟的朋友，原本也在学校，新近辞了职，结识了生意做得蛮大的S，有一种打开了新世界的喜悦。S是从农村闯出来的，没上过大学，对读书人有一种说不清道不明的情结。大概是朋友不止一次提起，S就想见见我，我有点抵触，觉得朋友眼皮子浅，言谈间对S颇有几分仰视的意思，此外，那时候土豪的傲慢是常态，我会往那上面联想：想见我我就让你见了吗？！——这种反应，后来我戏称，也属于读书人"最后的倔强"。

最后拗不过朋友一再邀请，还是去了。S人挺好，确如朋友说的，一无土财主的趾高气扬，也不摆阔兼自顾自大谈生意经，反倒说说文史什么的，大概是不想显得没文化，在我面前掉价。下面这两句诗肯定是他提起的："曾经沧海难为水，除却巫山不是云。"他说乘船从过三峡，看山看云看雨，才明白了"巫山云雨"是怎么来的，该怎么解。还说死读书没用，好多中文系的人都并不知道是怎么回事。元稹的诗一点不冷僻，我还不知有什么其他的解释，但不能在这上面露怯吧？打个哈哈过去了。到现在我也不知实地考察能给"巫山云雨"带来什么新解。

两造里都有点绷着，那顿饭很大程度上不可避免地以"社交"为主了。结果是，除了白灼基围虾，还上了些什么菜，全无印象。记得基围虾，也不是多么惊艳，只是因为那段时间"基围虾"隐然成了餐饮高消费的象征。不止一次被人询问，也向人打听过：基围虾是什么虾？终于还是不明白。只知道贵，得多少钱一斤。不是普通虾中的一种，不可与对虾、河虾等量齐观，俨然高高在上，独成其类，几乎不允许你有面对寻常鱼虾的那份"平常心"。过了一阵以后，我才完成了对基围虾的祛魅："基围"者，圈起养殖而已。

基围虾的大出风头，似乎与"生猛海鲜"这个概念大体同步，有无"生猛海鲜"，一度是判断餐馆高下的一个依据。另一个经商的朋友请我吃饭，在儿童医院对面新开的一家，叫"石城酒家"。主吃多宝鱼，论斤，一斤一百元钱上下，老交情了。我玩笑说："疯了！"指的是价格，也指他的洋盘。开涮完了，当然是照吃不误。据他说，好些仿佛凭空出现的高档酒楼，都是有背景的，这家背后就是某某局。"下海"真是"时代强音"啊，许多大单位都在办公司，餐饮似乎是要点积累的，说搞也就搞起来了。

但我判断，"野马"是没什么背景的。证据是后来上面下文，不准政府机关办企业，一声令下，那些有来头的餐馆说不见就不见了，几乎没什么过渡。虎踞北路上有家"嘉年华"，南京最早的吃喝玩乐综合体之一，本是很偏的地方，一度却火得不行，而后就停业，根本没人接盘，房子荒在那里，不多时间，已是断壁残垣的模样。

"野马"却一直在的，直到疫情结束还在，有背景的不会这样打持久战，念《挺经》的。我之所以还记着，固然因为是见过它兴盛之时，那一回食不知味的吃请，但更大程度上倒是因为这么多年一次次路过，不经意看到店招，一次次地诧异：咦？居然还在？舌尖肠胃没留痕迹，记忆里真是"徒有其名"的。先是发现不那么抢眼了，比它家土豪的馆子层出不穷，不留神就过去了。而后是一路下滑，卖朝鲜冷面的小铺挨着，似也衬不出它的高人一等。断崖似的下滑，肯定是新世纪以后了，我发现"野马"的触目，已经是在周边一众虽小却做了装潢的小店（比如"泸溪河""杨记"一类点心铺）中显得破旧寒碜。关键是，镜厅似的闪闪发光早已不再，面街的玻璃门窗上贴满菜肴的照片，又红纸黄字，大大地列出菜名菜价，一概亲民，有一种县城小馆或大众食堂的调调，真是"低到尘埃里"。

纯是好奇心作祟，从未有过的，我成了一家餐厅的地道的"看客"。起初是无意识的，后来就变得有几分刻意，有时已经走过了，忽然想，"野马"呢？居然又回头走几步张一张。真正是"吃瓜"心态，我既不巴望它倒掉，也并不希望它挺住——既然从来没在它家吃过什么称得上美食的东西。

有一天我发现"野马"忽然变得醒目了，两个大字重新做过，也不知算不算匾牌，出现在原先店面腰眼那个位置，不上不下的。武中奇的字很好认，适于题匾额，有一度南京的商家，几乎"武字"包办的架势。再一看，"野马"是"块然独存"的，只剩下俩字，后面的店铺已是别家的，与餐饮无关。见过文物保护挂牌的，也有胜利电影院那样，在德基广场仿个门头留念想的，"野马"这是要留住记忆吗？似乎又够不上，不知是什么操作。

最近又经过珠江路口，照例张一眼，发现"野马"字样没了。还以为是老眼昏花，细搜一遍，还是没有。这下是真的一点痕迹没有了。

太平村与三星糕团店

一

几十年前，长江路口，往新街口，紧邻胜利电影院，有家叫"太平村"的副食品店，二楼卖酒酿、赤豆元宵、酒酿冲蛋之类，可视为彼时的甜品店、糖水铺，南京为数不多的可堂食的甜食店，和"一家春"比起来，环境要讲究不少。本就在商业街上，又有"胜利"加持，看完电影登楼"小吃"一下，"吃喝玩乐"，庶几圆满。

我本人记忆犹新，除了此种"消费"的叠加性，还因自创了一种吃法：将一块冰砖放入酒酿中，一边融化一边吃。楼下的冰柜里才有冰棍、冰砖（其时冰淇淋即使有也极少见），要从楼下买上来，可见酒酿＋冰砖确为我的创意。冰砖的主料是奶，西餐甜点里用得铺张扬厉，中式甜点里习惯上是不加奶的，在桂花酒酿提拉米苏已非鲜见的今日，此中的"跨界"当然不足挂齿，当时条件下，就颇有跨越中西的意味。记不清酒酿是否冰镇，反正冰砖加入，已有冰镇之效，甜米酒与奶的混合，冰冰凉凉，酷暑之下吃起来，于我直如玉液琼浆，真正"沁人心脾"，满口香甜。只是一边吃一边觉得这样叠加起来的高消费，奢侈到生出罪恶感。

"太平村"有一样是别家所无的：酒酿冲蛋。这也是我的一好。冰砖酒酿，背景是炎炎夏日，酒酿冲蛋和赤豆元宵一样，是冬天的恩物，一碗下去，周身暖洋洋。菜场的各种食材中，鸡蛋是特别不怕甜的，不论中西，鸡蛋都是甜品里的要角。酒酿为原料不管拿来做成什么，或是就那么吃，都是食其甜，鸡蛋来掺和，一点也不意外。不光是江南，别的地方也有，比如四川、广西，叫醪糟鸡蛋。酒酿冲蛋，蛋必搅成蛋花，匀匀的与酒酿混合到一处。酒酿有发酵的微酸，单独吃可以的，做酒酿冲蛋要加水，甜度不够，酸味泛起，需加糖来平衡，但微酸的酒意仍不绝如缕，令这一碗甜汤，甜得回味无穷。与赤豆酒酿元宵比起来，它的酒酿味更浓，我吃了犹有一种满足感，还觉得特别养人。

不知为何，做酒酿冲蛋的，好像只有"太平村"一家。也许是太寻常，做起来太简单，完全可以在家里自己做，到后来小吃店里绝迹了。现在大概只有在莫愁路妇幼保健院周边的一些地方，才能看到。这可以证明"养人"的直觉不是凭空而来，只是这里的"养人"应该是专指产妇——按照这边普遍接受的说法，酒酿冲蛋有催奶的作用。有一次从那一带经过，看到街边的房子，门前、窗户上常出现"酒酿冲蛋""红糖"的字样，馋虫蠕动，很想找一处进去来上一碗，终碍于此时此地的特供意味，犹豫一番，还是罢了。

二

论名声，"太平村"比不过"大华电影院"对面的"三星糕团店"。"三星"距新街口菜场不远，对面大华电影院、中央商场，烟火气、时髦味两旺，人流如织，又是小吃的性质，价格平易近人，每日但凡营业时间，食客盈门是自然的。它家经营的是各种黏食，苏式糕团。

以一家糕团店而占据上下两层楼，好像也仅此一家。它家各种条糕五花八门，五颜六色，煞是诱人，但对我而言，最具诱惑力的，是赤豆酒酿元宵。记不准菜单上这道甜食有没有出现"酒酿"字样，有酒酿的加入是肯定的，豆沙或赤豆淀粉混合的半透明褐色的糊糊上，星星点点点缀着白色的搅散碎的酒酿。豆沙好似天然需要甜的帮扶，酒酿的甜比加糖在这里更有一份浑成。冬天来上一碗，浓稠黏腻令其原本就有的暖意更添一股热乎劲，吃下去周身温暖洋溢，舒泰之感与夏天在"太平村"二楼吃酒酿冰砖有一拼。

"三星"的人气之旺，因此"内外兼修"：外面大排长龙的大多是为了买糕团带走，赤豆元宵之类，虽也可以外带，多半却是堂食，也排队付钱，相对说来队伍要短些，问题是还得等座，高峰时好不容易落了座，还有等座的前赴后继在等待。不像"太平村"的时或清静，这里好像从来都是熙熙攘攘，"就餐体验"，可以免提。

有一样，似乎是无须排队的，我说的是杏仁桃酥。糕团之类，属于可以当"饭"的甜食，桃酥则在一般是当零食吃的，和饼干一样，通常出现在商店的副食品柜台，从未见有人买了坐食，即使买了马上就吃，也是出去边走边吃。大概一块糕就着汤团或赤豆元宵是搭调的，桃酥就觉着不搭了。

桃酥是烘烤而成，杏仁桃酥也是一样，不像糕团、赤豆元宵的蒸煮。还有，糕团用米粉做成，杏仁桃酥则用面粉，本是两路，为何做了一处，未得其解。此外他家的杏仁桃酥和普通桃酥一样，未见杏仁踪影，唯色淡白而已，命名从何而来，对我一直是个谜。我只知道它不同于普通桃酥的地方，在于和面起酥，用的是猪油。

新街口号称"中华第一商圈"，寸土寸金，商业大潮既来，"三星"挪窝是迟早的事。我不能确定它是什么时候消失的，大概菜场搬家时已然不在了吧？并不是"迁地为良"，有很长一段时间，整个就没了。南京吃糕团之风，也远不如苏州之盛，少这一口，不算多大的缺憾。后来在广州路随园大厦左近出现了一家"随园糕团店"，算是遥承"三星"余绪，名声鹊起的"芳婆糕团"则是更后来的事了。

再没想到，新世纪到来之后，居然在龙江阳光广场的旮旯里得着"三星"的消息。阳光广场是个高楼群，世纪初改善高校职工住房盖的，我的许多同事住在那里。从大路上一个类于骑楼的门洞可以踅进去，"三星"即寄身门洞内的一间小屋。某次经过，意外发现门口有随手写的"三星糕团"字样，不是门面房，阴暗仄隘，直似堆放杂物的所在，临时让下岗职工卖卖剩余物资。问了问，还真就是那个"三星"。

就一个营业员，和"随园糕团"一样，只做外卖了，架上摆放着各种松糕、条糕，却无人问津，端的清灰冷灶之相。想想当年在新街口闹市的红火，一似世家子弟蓬首垢面流落街头，叫人不敢相认。"家道复初"是别指望了吧？我想也就我这个年纪往上的人，才知韩国"三星"之外，南京曾经另有个"三星"。

大三元与老广东

一

往新街口去，胜利电影院这一侧，最有名的餐馆当数"大三元"，自民国时起，一直是南京名声最响的粤菜馆子。顶多有过一次堂食的经历，所食有何粤菜，半点印象也无，倒是记得夏天里大张旗鼓卖凉面，台面一直摆到店堂之外。大概是食客无多，只好经营利薄的大众快餐。凉面似乎是江南夏日特有的，肯定不姓"粤"，好多餐馆（比如"一家春"）天热时都要分这一杯羹，地方特色之类，都顾不得了。

二十世纪八十年代初令"大三元"名声大噪的，也不是什么广味。其时它家更广为人知的不是菜肴，而是外卖的点心，店门口的玻璃柜台前每到下午总是人头攒动，大排长队，十有八九，是冲着它家的萨其马。之前南京人熟悉的糕点中，似乎并没有萨其马的一席之地，甚至不大听到这么个名目。其时如今星罗棋布的西饼屋、点心铺还未出现，蛋糕、桃酥等点心都是工厂里生产，极少见店家现做现卖的，何况是萨其马这样堪称新奇的点心。"大三元"，一时间名声大噪，如同今之网红打卡地，一点也不意外。有的顾客一买买上许多，吃相难看令众人侧目，高潮时商家不得已搞限购，每人限买十个，以平"民愤"。

所以关于萨其马，南京人的最初记忆，不是后来大行其道的"徐福记"，而是做餐饮的"大三元"。与"徐福记"式不同，或是鸡蛋含量偏少的缘故，"大三元"萨其马没那么酥软，重糖重油，来得硬挺，但与糖果冷食厂一种叫作"徽子酥"（与萨其马相似而糖油更甚，看上去像细面条油炸后压制成形）的糕点相比，又要酥软得多。在传统中式点心仍一统江湖的背景上，它的可口一下就突显出来。以今视昨，还有个记忆点是它块头大，四寸见方，有一寸厚，比起来现今"徐福记"式的标准款显得相当迷你。十块一份，差不多得有两盒月饼大小那么一大包。其时还没流行用纸盒，售货员撑开普通的塑料袋，用夹糕点的夹子一次两块取了在袋中码齐了，顾客拎着便走。

排老长的队，若买个一块两块，太不划算，许多人都是一买十块，饶是营业员动作熟练，买卖之际，也嫌太慢，故后来店家往往早早就预备好，十个一包装好了，现成的就堆了一大堆。食客心中有数，早早备下钱款，轮到了一手交钱一手交货，人手拎一撑得四四方方的塑料袋离去，免了通常购物选择的逡巡掂量犹豫，更像是来提货的。

二

"大三元"的命名不具地方性，"老广东"则一望而知，是粤菜馆。它家与"大三元"隔街相望，位置在延安电影院、摊贩市场的路口上。

吃过它家一道蚝油牛肉，印象深刻。一是第一次识得"蚝"这个字，二是由蚝油带来的异域气息——我对广东饮食最初的记忆，也可以说直到新世纪粤菜大举"入侵"之前的全部印象，就来自这么一道老派广东菜肴。事实上，二十世纪六七十年代以至八十年代，美味向果腹让步，"吃饱"的要求大大压缩了"吃好"的空间，保持地方风味已不是店家的第一考量，"大三元"都卖起凉面了，夫复何言？"老广东"很多时候热闹的也不是广府味道。它家一楼一度卖过馄饨，若是广式云吞或云吞面倒也罢了，偏偏是江南一带的大馄饨，而且以"上海大馄饨"相号召，想是因为南京人常见的是小馄饨，大馄饨而"上海"，给人新奇感。一时间，当真食客如云。

又卖过咖喱牛肉盖浇饭，不是现今常见的日式咖喱或印度咖喱，是用油与咖喱粉最简单地处置土豆和牛肉的组合，咖喱不是糊状，色深，苍黄加透明的油亮。咖喱的异域特征让我觉得这份盖浇饭有了几分洋味儿，我辈对于"洋"笼统模糊的领略，往往是从上海开始，故我怀疑它的出处不是老广，而是"海派"。另有一样吃食，连名字都叫不出，只记得形似排叉却又不尽相同。也许"排叉"本身就有解释的必要，因现在和许多传统小吃如小馓子、开口笑、一口酥一样，已是难得一见。排叉是北京小吃，宽薄的面皮叠拧油炸而成，油条的长度，却不似油条的中空，炸透了的，因此彻头彻尾地酥脆。"老广东"家的形似而口感不同，因外面浇裹蜜糖，不复炸物的焦脆而显酥软，和面时应该还加了鸡蛋，味道来得特别香甜。现做现吃最好，口感、味道都加倍，唯一的缺点是拿在手里边走边吃有些狼狈，一不小心就弄得脸上手上，黏腻一片。这小吃出风头，好像还在"大三元"萨其马爆火之前，可惜为时不长，萨其马一面世，便渐渐淡出了。有次从"延安"看电影出来，又想到这一口，却发现"老广东"门前已无人排队，不做了。看街对面"大三元"人头攒动，我很夸张地对同行的人有一番"既生瑜，何生亮"之叹。

更可叹的是好多年后，与一帮熟人在一起聊过去的吃喝，我说起"老广东"的这款吃食，因说不出名字，百般形容也不能唤起众人记忆，明白我的"所指"。于是我"顿悟"名字的重要性，未能获得命名的对象，难以指认，结果等于不存在；名字被遗记，也是同理。

从形状上去推想，那玩意儿，会不会叫"广式排叉"呢？

附记：龙江菜场旁边，曾有一家叫作"梅园"的餐馆，似乎是苏帮菜，很长一段时间，都是那一片唯一一家请客还不算"坍台"的地方，所以生意不错。后来渐渐不行，中午不做正餐了，开始卖苏州面。南京没几家苏州面馆，好这一口的于是奔走相告。但周边的餐饮起来了，苏州面显然救不了"梅园"，眼见得每况愈下，终于关张。几年前，从那一带经过，见原先"梅园"的地方遮起来了，在装修，过些时候围挡撤去，水落石出，仍是做餐饮，那块匾牌却有几分眼熟——"老广东酒楼"。"老广东"消失了多年，没想到在这里复活了。老店总喜标榜老味道，以老为正宗，但我没法判断，因过去压根算不上登堂入室地吃过，一点儿记忆也早已模糊。只能横向找共时性的参照了。实话实说，与现在新起的粤菜馆相比，一般啊。

"老广东"从新街口搬到龙江，"江苏酒家"从白下搬到大桥南路，包括"六华春"在南艺后街重新开张，大体上都是从市中心迁入相对边远处……位置的变化颇有象征意味：的确，我辈曾经目为"顶流"的一批餐馆在饮食江湖上已然边缘化了。

曲园酒家和北京羊肉馆

这两家风马牛不相及，归到一处，只有一个原因：我最初的登堂入室，都是吃请，请我的是同一人，大学时同住一室一年之久的日本留学生，叫绿川良则。如需再补一条，那就是，两家都早早地消失了，而且没有半点重打锣鼓另开张的信息。

一

那以前曲园酒家不是没去过，但限于排队买回肉包、豆沙包。曲园酒家在碑亭巷，近大行宫，从家里过去，得有三四公里，公交车得开七八站。为买几只包子跑这么远，似乎有点不可思议，但上中学时，没有应试压力，也没书可看，别的什么都缺，时间、精力，一点不缺，还过剩。"曲园"的包子虽不似鸡鸣酒家楼下、中央商场门口的属于包子界顶流或超一流，称"一流"是妥妥的，段位比"一家春"还高个半档。印象中称得上餐馆而卖包子的，不在少数，类似于现今一些宾馆餐厅的外卖部。

"曲园"是湘菜馆子，不止一次排队买包子，它家有些名菜，像"东安鸡""豆瓣鱼"……已是了然于心，但不得到口，因为没钱。本是应尽地主之谊的，第一次堂食，要由老外请吃，还是因为囊中羞涩。日本留学生来中国的，都有本国提供的奖学金，却是贫富悬殊：文部省派出的，每月合人民币三百上下，大公司派出的，则能上千。绿川拿的是文部省的奖学金，家境也一般，出手和那些大公司的比，自然不同。他的行头，从帽子、大衣到靴子，大都是韩国货，那时韩国是山寨大国，东西比日本产的便宜得多。

这都是绿川告诉我的，我连哪些牌子是名牌都拎不清，哪知什么山寨不山寨？在二十世纪八十年代的中国大学生眼里，发达国家来的留学生，都称得上是富人——前消费社会的背景下，那么看也不算走眼，其时大城市里的平均工资，就几十元钱。

不管怎么说，下馆子，请我吃饭，绿川是请得起的。只是开始我不好意思吃他的，第一次说去哪儿的，编了个由头，躲开了。"人穷志短"，我有请他之"志"，奈何没钱。过了段时间他又拉我下馆子，我想到了请他到家里吃饭这一招，有"后手"了，便应下来，也算是"不坠青云之志"。

这次去的，就是"曲园"。这时看了些杂书，翻过《春在堂随笔》，知道俞樾号"曲园居士"，还想和这馆子有什么瓜葛，当然，是想多了。

去这家，并不是我的提议，那么背的地方（虽然不远处就是"人民大会堂"、省美术馆，却在僻巷之内，不要说和"大三元"，就是和"一家春"比，也僻静得多），绿川会寻过来，也是本事。不过当时国门方开，第一拨的留学生，普遍好奇心重，走街串巷，搜奇探胜，蔚然成风。

记得很清楚，绿川点的是东安鸡与豆瓣鱼，就两道菜，再没有了。好多年后补了课，得知它家曾有腊味合蒸、紫龙脱袍、奶汤蹄筋、发丝百叶、汤泡肚尖以及怀胎鸭子、红烧狗肉、烤全猪等"看家菜"，到我登堂入室之时，大都已成传说，菜单上踪影全无了。从菜名就可揣知，"东安鸡"相比起来家常得多。"东安鸡"当然包括了烹饪之法，但首先是鸡种（就像海南的"文昌鸡"），"东安"是湖南的一个县，其地特有的鸡种现在是上了国家质检局的地理标志保护名单的，当年还没"保护"，鸡种却只有更纯。作为传统湘菜，标准的"东安鸡"要用母鸡肉，先煮后弄成条，再加醋，葱、椒一起炒而后焖。这些也是补课时才知底里，与记忆严重不符，我印象中更像是一道酱汁深浓的菜，没有辣椒、葱段的红绿，软嫩及酸味倒是能对得上号。不会记错的是，那口感、味道，足以让我忘掉此前吃过的所有做法的鸡。

过了若干年，父亲一老战友的儿子结婚，在曲园办婚礼，我们全家去赴宴。曲园好像是扩容了，后面有了平房，像穿过临街的店面进到院子里。这一回是吃席，大大的丰盛，菜一道道地上，源源不断。但我有个倾向，现在想来，是早已有之：术有专攻似的面对三两道菜，往往食欲旺盛，当真如饥似渴；满汉全席式的一大桌上来，往往先自有几分饱，主题"涣散"，没了焦点，又加那天七嘴八舌，多少应酬，以至于没有一道菜我还记得。好多年后，重口味的湘菜继川菜之后在南京开始火爆，我想打捞出在曲园酒家最初的湘菜记忆以资对照，更是渺无所得，只剩一个朦胧的感觉：似乎完全不是一码事。

二

南京老字号饭馆，有几家，现在根本没人提，比如新街口交通银行那一侧的"山西"，再比如，还是中山东路上，距老新华书店不远的"北京羊肉馆"。仿佛根本没存在过。

新街口是闹市，商店的地方，影院、演出场所的聚集地，也是餐饮扎堆的所在。但热闹似乎多在南北向的中山路/中山南路上，东西向的汉中路/中山东路相形之下就冷清些。在民国时的市区规划中，从新街口往东到中山门，大体是行政、文教的区域，一九四九年以后换了主人，那格局却依稀保留着。大行宫过去，中央饭店、励志社、监察院、博物院，就不必说了，新街口到大行宫这一段，虽可以算是商业区，却也有许多大院点缀其间，总之是趋于"高大上"，没多少烟火气。商家也不少，除了新华书店，我记得还有文体用品商店、嘹亮唱片社，餐饮却是零落不成阵式，"北京羊肉馆"挨着新华书店，对面是外文书店，不远处又是一部队大院，块然独存，有点形单影只的味道。

绿川找到这里，却也不算奇怪，毕竟它家要比"曲园酒家"好找多了。我倒是一点也不陌生：上中学时常到隔壁的一个部队大院去洗澡，不知有多少次，从它家门前经过，只是，过其门而不入，甚至没动过进去的念头。绿川是不是冲着羊肉来的，我不知道，对我而言，最有记忆度的不是吃的是哪种肉，而在头一次见识了火锅。

火锅现今早没了地域色彩，同烧烤一道，在各地的餐饮中都是咄咄逼人，掩杀过来的架势。厨艺的门槛低，价格亲民又带 DIY 色彩，大受食客欢迎是自然的。当年却见不着，也许整个南京城就北京羊肉馆一家也未可知。多少年过去，这火锅也不是那火锅了——我说的是，现今风行的都是带锅底的火锅，固然有麻辣、番茄、酸汤等种种选择，然重口味是底色，店家皆喜以汤底的复杂相标榜（大概只有闽粤的打边炉是例外），每每隔老远就闻着浓得化不开的味儿，让人头昏，醺醺然，北京涮肉这种更有来历的，反倒边缘化，变得珍稀了。

北京涮羊肉是没有锅底的，就一锅清水，顶多有点葱姜，可涮的食材也就几样：白菜、粉丝、冻豆腐。一锅清水里盐也不搁，味道全靠一小碗蘸料，里面最突出的是芝麻酱和腐乳，以我当时白纸一张的饮食经验，这组合太奇妙了，难怪印象深刻。涮过的大片羊肉去调和的蘸料里沾挂一身出来，清鲜依然，混合了麻酱的香，妙不可言。涮完了肉，粉丝、大白菜依次下去，由它煮一阵，饱吸汤汁，味亦鲜美。

照说高潮在涮肉，我最念念不忘的倒是尾声，以锅中汤泡碗中饭。涮肉好比拿肉片汆汤，只不过肉片更薄更大，更有"时不我待"的急迫，不做停留，捞起就吃。涮了一轮又一轮，汤自浓稠，积淀更多肉的鲜，但与肉骨头炖汤的浓稠不同，仍维持着清鲜，与通常的排骨汤蹄髈汤泡饭相比，来得清爽，别成一调。

那一顿，我唯一有点抵触的是绿川不时用他发音怪异的中文指导我该怎么吃。日料中也有火锅，虽然不是涮肉，触类旁通，总不像我，百分之百需要发蒙。吃的是中餐，倒要他来开示？莫名其妙就有几分别扭。

北京羊肉馆用的是铜锅，也只有铜锅，连炉子带锅，高踞桌上。现今的火锅当然也连着炉具，但大多安置在桌肚里，锅沿与桌面平齐，高低正好，涮起来趁手。铜锅有一底座，围着中间炉膛的一圈"锅"高高在上，涮起来真的要"举"筷才行，我们坐的那张桌子原本就高，还大，要对锅中情形觑个分明，眼疾手快打捞，站起身来大有必要。吃个饭频频起身，颇以为烦。夹着羊肉片不小心碰到铜锅中间"烟囱"的壁上，会嗞啦一声粘上去，没来由想到商纣的"炮烙"之刑，再夹了肉有意往上贴，绿川问缘故，我便说起那典故。

故事挺残忍，却并不影响我们的食欲。环境的冷清也没影响——二楼的大厅里给人黑洞洞的感觉，好像拢共就没几个人。

那顿涮锅虽是一食难忘，我却一直没想过重温一回——等到不再囊中羞涩，自觉可以偶尔下回馆子的时候，北京羊肉馆早已不存在了。弄不清消失的具体时间，反正挺早。在老字号餐馆当中，它家似乎是消失得最彻底的：曲园酒家虽如同取消了番号，毕竟还有人提起，传说一般，也算留下了痕迹；北京羊肉馆却是一片空白，我在网上搜了一通，居然不见任何踪迹。

南京曾经独一份的火锅，难道只有那一顿为证了？

胜利饭店西餐厅

胜利饭店就在胜利电影院对面，二者却是风马牛的关系，一点不相干。以"胜利"为名，有那么点讨好彩头的味道，且还是革命化的好彩头。称为"胜利饭店"，限于"文革"到二十世纪九十年代初的一段时间，之前之后，都叫"福昌饭店"。和对面的电影院不一样，胜利饭店是对内的，寻常不得入内，稠人广众之地，门前人来人往，却有几分神秘。揭开神秘面纱，应在二十世纪七十年代末，这时，它家二楼的餐厅对外开放了，一时间，好吃的人中间，众口纷传，如同今日的上"热搜"。

据母亲讲，小时候我曾在里面住过一晚，我完全想不起来。任她说时间，提示那天晚上我如何被接走，都不能让我进入"规定情境"，直到她道出入住的目的，是为了看游行。"看游行"三字如一子落定，我的记忆满盘皆活。一些影影绰绰的画面，房间的内景，一般建筑窗户很少用的钢窗，等等，终于得以"对号入座"：我知道了，那个讲究的房间，原来是在这幢楼里。

那是国庆大游行。划定的区域头一天晚上照例要戒严，"福昌"紧挨新街口，属看游行最好的位置，住上一晚，第二天居高临下看游行，再好不过。但这个选项奢侈到难以想象，对我们家是不存在的。我之得以进入，全因父母一位做大官的老乡、长辈，弄了个房间，安排亲朋的孩子去开眼，我在其中，父亲母亲是没份的。照说第二天早上有顿早饭，应该有关于吃的记忆，事实是完全没有，也许注意力全被看游行，还有捣鼓钢窗，特别是坐电梯的魔幻感占据了。

当然的，即使残留着关于吃的记忆碎片，也没法跟"胜利西餐厅"连线，因彼时这里的餐厅肯定不姓"西"。它家是旧有做西餐的传统，还是在"开放"的氛围里标新立异，不得而知。肯定的是，偌大南京，一段时间内，西餐只此一家，别无分店。是故许多南京人的记忆里，"胜利西餐厅"意味着最初的西餐洗礼：第一顿西餐，第一顿咖啡，都是在此打的卡。

尽管由对内变成了对外（住宿仍是内部性质，唯独餐厅对外营业，应该是饭店自作主张的"搞活"性质），"胜利西餐厅"依然有其神秘性，撩开面纱，亦需相当的勇气。没人拦着不让进，然对绝大多数人来说，仍是一个传说。令大家踟蹰不前的，是意识中西餐固有的高冷感，以及与之相伴令人咋舌的价格。

我是某日逛完中山东路的新华书店回南大，路经时想起熟人"吃不起"的议论，忽地"怒从心头起，恶向胆边生"：不就贵点吗？有什么大不了？！一咬牙一跺脚就进门上了二楼。但是勇气显然酝酿得不是很充分，在知道价格之后，只觉头皮一麻，再后来就只有强作镇定的份了。好多年后，我在网上看到有人回忆当年在"胜利"吃西餐的情形，说一份套餐（含一份罗宋汤，一份土豆沙拉，一份吐司面包，一块猪排）三元五角。我印象比这贵，得五元多。我看到的是其他套餐或单点的价格也未可知。即使三元五角，也足以让我萌生退意。几年后读研，每月有四五十元钱的助学金，"暴富"之后，每每到学校工会小吃部打牙祭，跟朋友两个人点几个菜，每次必包括一道响油鳝糊、虾仁跑蛋这个级别的，也才三元不到。一个人，三元五角，对一分钱工资没有的穷学生是什么概念？！

当时身上的钱吃一顿倒还是够的，但是刚从书店过来，鬼使神差，我无端地将牌价换算出一套《约翰·克利斯朵夫》或《悲惨世界》或别的什么书。第一顿西餐，就此断送。我开始想如何"全身而退"——没人强买强卖，一走了之即可，我所谓"全身"，是在"众目睽睽"之下不那么窘迫生硬地撤出。

"众目睽睽"显然是类似情形下容易出现的心造的幻影，其实里面就没坐几个人。和"老广东"，更不用说"三星"这些地方的热闹相反，"胜利"不仅是冷清，简直称得上肃静。就餐的人好像多少是慑于传说中的西餐礼仪，不由得就屏声敛息起来。以当时的标准，餐厅里幽暗的调子，如车厢座位的设置，就已不一般，再加闪亮的刀叉，已然很符合我们对西餐"小资""高端"的想象。食客们专注于对付刀叉不露怯，让自家的举止"达标"，已大大牵掣精力，谁会留意我心底的波澜壮阔？但我就是如芒在背，结果尽可能若无其事地点了一杯咖啡。这绝对是计划外的，因根本不知咖啡为何物，然比起不知深浅的原计划，总算是及时"止损"吧。

鉴于其时惊魂未定的状态，对咖啡滋味记忆淡薄，甚至对餐厅里也只有极笼统模糊的印象，也就不难理解了。

可见要在"胜利西餐厅"吃上一顿，光有事前的一时冲动不够，还得有遇事不慌的定力。当然，最好料敌于先，谋而后动。我大学的几位老师就曾下过近乎"引颈求一快"的凛然、毅然的决心，并且是在充分估计到西餐一骑绝尘的价位后才集体步入"胜利"的。

事在一九七九年，其时他们年在四十上下，却还应算是"青椒"的身份，适逢集体编写的《中国当代小说史》出版。稿费到手，发愿要大吃一顿庆祝一番，锁定"胜利"足以保证此番庆祝的记忆度。都是有家有口的人了，但形成决议时显然拿出了单身汉的豪气，他们声称："把标点符号一起吃掉！"——出版社付的是一次性稿酬，每千字十来元钱，标点符号算字数，一本几百页的书，得有多少标点符号？！足见是准备好要大出血的。

所以价高不是问题，波澜不惊。问题是二十世纪五六十年代的大学生，都是在艰苦朴素、"农村包围城市"的氛围成长的，他们谁都没见过西餐长什么样。"胜利"的西餐以今日的标准，难称地道，可在讲规矩上却是高标准，至少上菜比现今多数西餐厅更按部就班。众老师饥肠辘辘，服务员搁下一篮面包后就消失了。几个人对着面包面面相觑，最后不耐烦，终于试探着抹上黄油吃起来。有一位下断语道：西餐嘛，就是这样的。多数人犯嘀咕，这么贵，就塞一肚子面包？下断语的坚称就是如此，大家一边疑疑惑惑试探性地吃点，心下不服也只得认账，因大都接受西餐自成另一世界，此前的性价比经验完全无效。而且，电影里的经典台词，"面包会有的，牛奶也会有的"，可见西餐的要角，面包，牛奶而已，桌上有面包有黄油，黄油比牛奶还更稀罕——不是都有了吗？

不想面包将罄之际，那边厢真正开始上菜了，先是浓汤，后是沙拉，再是牛排、意面，最后还有甜品。吃完一道上一道，每以为后面没有了，服务员又托着盘子再度出现，一而再，再而三。因是先抑后扬，一道一道出人意表，好似高潮迭起，于西餐虽是最初的亲密接触，滋味如何，难辨高下，众老师对这一顿，还是大表满意。只是那位充内行的老师为自己的大胆假设付出了代价：他的过于自信让他比别人吃下了更多的面包黄油，是真的在当饭吃，待浓汤上桌，已有六七分饱，未到一半，就觉撑得慌，结果主菜当前，难以下咽，只能当看客了。

这事儿最早从读研时几位老师的相互打趣中知其大概，后来听过导师的简述版，又听过同事转述的完整版。同事年小于我，从父辈那里听来，他的版本却最是来得生动。只是后半部分太富戏剧性，恐怕是当事人有意自黑：虽是不谙西餐，点餐时（不管是单点还是点套餐）总看过菜单，不明就里，过目即忘，拿过菜单再瞄一眼就是，哪至于有面包黄油即西式大餐的误会？

疑点尚不止此，只是几位老师都已过世，无从还原细节，小心求证了。我在此"复盘"，实因是这两天居然又从一个学生嘴里听到了这个段子。比较下来，只有一点是各个版本都不会遗漏的，即"把标点符号一起吃掉！"这句豪语。可知绝对非虚构，其他虚虚实实，组成这么个桥段，当作中国西餐接受外史的一页，也足够经典。

我的学生都知道了，这是经典永流传的节奏吗？

农家菜与俺家小院

　　吃农家菜，都是奔一个"土"字去。顾名思义，是乡下菜，与城里的菜肴有别。它和家常菜也不是一个概念——乡下的家常菜与城里的家常菜，还是不一样。严格说起来，农家菜用的材料就是自家的出产。小农经济的特点是自给自足，不假外求，房前屋后有自己种的菜，猪圈里有自养的猪，地下跑着自家的鸡，全齐了。做法则粗朴简单，还是柴火灶上烧出来。当然，不必胶柱鼓瑟，今日的乡下也与时俱进，不再那么"原始"，不过不施化肥，不用人工饲料，还当是农家菜的"基本面"。

　　这个"基本面"在"原生态"里大体还算有保障，我说的是郊外或真正乡下的那些"农家乐"小馆，虽是应城里人休闲娱乐的需求而生，却还是就地取材（虽然不用化肥人工饲料者也日见其少），大城市里以"农家菜"相号召的馆子就很难说了，此类莫不标榜"生态""绿色""有机"，究竟如何，天知道。食客的嘴没那么刁，辨得出土鸡、洋鸡，未必就能辨出其他，而"有机"之类亦非"农家"所能垄断，其他类型的餐馆也可有这讲究，所以还要看烹制之法，是否够"土"。

现今大城市里的所谓"农家菜"，往往不够"土"，有精致化的倾向。不知从何时起，有了"精菜馆"一说，不言而喻，是以精致为尚的，与农家菜正宜各趋一端，形成对比，事实上却是趋同。比如朝天宫一带有家"博大农夫"，打出的招牌是农家，事实上一无农家气，菜肴一概地求精致（能否真正做到精致又是一说），加以装潢豪华，摆盘讲究，注重色相，实与精菜馆无异。进过几家类似的餐馆之后，就越发觉出"俺家小院"的好。

好多年前，"俺家小院"在南京张府园开了第一家，听同事说好，却一直磨蹭着没去，磨蹭之间，第二家已在龙蟠里开张了。那地方原是南京图书馆的特藏部，我曾到那儿去查过民国期刊，几易主人，成了餐饮之所。

不过"俺家小院"只占第一进的仿古建筑，大屋檐下，廊柱之间，摆下粗陋的桌凳，倒也不觉不合适。老板真有几分"农家"意识，突出的就是"土"，椅子也无一把，都是条凳，包间无门，用印花老蓝布的门帘，碗盏则一概是粗瓷家伙。还记得喝酒不给杯子，哪怕喝的是啤酒，也用黑色的浅浅的碗——城里超市、商店里卖碗碟，再见不到这样的。

它家生意好，经常爆满，晚上人声鼎沸，在包间里也休想清静，门帘只能挡住视线，喧哗的人声还是穿堂越户而来。我是怕吵的，对这里的嘈杂却并不反感，反觉有一份农家的粗豪和热闹，就是脸红脖子粗划起拳来，也没什么不宜。现今的餐饮有"吃环境"之说，农家菜也该有对头的环境，倘金碧辉煌，或弄出喁喁私语的氛围来，倒让人有文不对题的错愕。

你要想清静一会儿也简单，跨出后门到院里就行。"俺家小院"其实无院，占的是院子的前进，这里是前进、后进中间的天井。这个院子说起来颇有来头，最初是两江总督陶澍在清道光年间建的惜阴书院，为清末南京八大书院之一，陶的后任端方出访欧洲，对那里的图书馆印象深刻，遂在这里建了江南图书馆，是为中国第一个公共图书馆，南京图书馆特藏部设在这里，也是其来有自。后进的老楼叫作"陶风楼"，是座很耐看的建筑，院子的前进租给了"俺家小院"，后进则仍是特藏部的书库。我中学念的是南京四中，与这院落一墙之隔，在菠萝山上嬉戏，常看到那院落的全貌，那大屋檐的陶风楼和那安静无人的院落颇有几分神秘，总是重门深掩的样子。后来读研究生时查资料，也只进过新翻盖后作为公共借阅处的前进，不料因吃农家菜吃到这院里来了。

晚饭时间，特藏部的工作人员都已下班，院里空无一个，陶风楼庞大的黑影兀立在月色中，两棵古柏，一座文物保护的碑，越发衬出院里的静，走到那头看回来，"俺家小院"仿旧的老式格子窗里人影憧憧，里面的热闹好像隔得很远。到现在我还记得在院里的一种不真实感。

"俺家小院"的老板显然不是因为这里的清静和书香才看中这里，我只是因为知道了一点这地点的来历，就觉特有意思。后来又去过几回，每次席间都会到院里逛上一圈。再后来，"俺家小院"就搬走了，鼓楼江苏商厦里新开的是否前身就是龙蟠里的那家，不得而知，也不重要，因虽在新式的大厦内，它家的装修还是农家风味，菜单也一仍旧贯。

不知是听人说，还是由店"名"中那个"俺"字而起的自由联想，很长时间，我一直以为"俺家小院"是北地风味，后来方知，是沭阳过来的。沭阳是苏北的一个县，地处鲁南丘陵到江淮平原的过渡地带，亦南亦北，方言上，饮食上，都是如此。菜谱上的这个菜系那个菜系与农家菜是无涉的，农家菜说到底就是因陋就简，因地制宜。沭阳河网密布，水产丰富，或许与此有关，"俺家小院"拿手的是做鱼虾。我印象深的是一大一小。小的是米虾，看上去像虾皮，其实是新鲜的，据说菜市场上只卖八元钱一斤。它家油炒了用卷饼包了来吃，名为"家乡卷饼"。米虾炒得香喷喷，那么小的虾，几无肉可言，只取其味，而虾壳不硬，有咬嚼却恰到好处。这在鱼米之乡或是常见的吃法，我觉得比京酱肉丝之类更有意思。有一特别处，是不用葱白之类，而用香椿叶和生蒜薹裹在饼里和虾一起吃。江南一带，香椿头炒鸡蛋是时令菜，香椿叶这样用法，别处未见，而与油炒的米虾做一处，意外地搭。

我说的"一大"则是它家的"红烧鲇胡子"。现而今餐馆的所谓"招牌菜"已然具有例行公事的意味，菜单上非标出不可，却未必有什么独得之秘，比如一道红烧肉，不拘唤作"东坡肉""毛氏红烧肉""坛子肉"又或"金牌"，几乎家家都说是招牌菜，其实味道、口感差不多少。"红烧鲇胡子"则是独一份的，我敢说别家即使做红烧鲇鱼，也绝对做不到这份上。同事向我推荐"俺家小院"，别的不谈，就说这个，凡去过的人则这道菜必点，"红烧鲇胡子"简直成了"俺家小院"的代名词。只是最好是人多点同去，若两三人，光一条鱼就够对付的了。

这是说那鱼来得大，都是选三斤以上的大家伙，整烧。油亮亮、肉滚滚卧在盘子里端上来，先就夺人眼球。头次去的人见了，多会惊呼："这么大！"服务员听得多了，笑里是不以为意。现今南京餐馆里兴吃鱼头，席上制造惊悚效果的多半在此，大鱼头剖为两半并置在超大的盘子里，确乎夸张，而整条鱼烧的，不拘红烧、清蒸，大略都在两斤以下，再大就分解后烹制了。它家不知是否要坚持那份触目惊心的效果，要来就是一大条，小了还不做。当然，喜欢它家的人一顾再顾，首先还是因为做得好。那道鱼端的浓油赤酱，较一般的红烧酱汁浓稠得多。鲇鱼头平嘴阔，有点恶形恶相，两根在水中张开蛮精神的胡须此时烧缩蜷曲夅拉在口边，有几分猥琐，不过你是来吃它肉的嘛，计较长相实无必要。只要一动筷子，其内蕴即展露无遗。麻、辣兼而有之，却不过分，很是入味却不知怎的，那么地嫩，嫩到筷子搛夹不起，颤巍巍弄不好半途散落桌上，所以最好使调羹——吃鱼用调羹，也是别处再没有过的经验。鲇鱼无鳞，刺少到可以人忽略不计，再加肥嫩，正宜下调羹。最好贴着中间那一路鱼骨下手，连着皮带着肉，蘸着酱汁送入口中，着实惊艳。对想吃鱼又怕刺如我之辈，实在是大饱口福，而吃鱼能大觉过瘾，亦堪称难得。

也许是"红烧鲇胡子"太出挑了，"俺家小院"的其他菜色不免为其所掩。其实另有几样，"土"得很地道。比如"鸡汁捞面"。面是手擀面，下熟了捞起，一锅仔土鸡热腾腾上来，说红烧不是红烧，因连汤带水；说汤不是汤，因是加了酱油着了色且较汤浓稠，鸡块肉紧味浓，却是加了莴苣块同烧，投了面下去，非汤面非拌面，稍煮一会儿捞到碗中，鸡与莴苣的味道尽出，搭在一起也有一种特别。

土菜通常看相不好，以馆子里这菜系那菜系的标准，经常不按常理出牌，鸡与莴苣的搭配似乎就很少见。它家的"大肠芋头烧青菜"又是一例。青菜与大肠似乎怎么也不搭的，和芋头同烧，好像也很不通，而且着了色又沾了芋头泥的青菜蔫蔫的一点没精神，一大碗乌乌淘淘。不过农家菜原是不该有清规戒律的禁制的，看相虽差，那大肠却侍弄得干净，够火候，吃在嘴里很是软糯。搭配嘛，吃多了精菜馆的菜，至少是有一份新鲜感。

"俺家小院"既在南京薄有名声，按照今日时兴的"做大"策略，扩张是自然的。现在开了三四家分店，不能叫连锁，因风格并不一样。很不幸，鼓楼、南师大的那两家都在往精致上去，从装潢到餐具到菜单。要做大，商务宴请必不可少，原先那样，就显得不上档次了，要想体面宴客，轮不上。这也是无奈的事，大体上只有熟人小聚才会往原先那样的地方领。升级而放弃土菜之"土"，对欲将生意做大者，似乎是大势所趋。我独不解，看家的"红烧鲇胡子"怎么也从菜单里拿掉了呢？南师大那家，臭鳜鱼做得很地道，足见做鱼算它家强项，可这是别处都有的。我最近一次是在白衣庵那家吃的，不远处的张府园是它家的发祥地，此处还是旧貌，只是显得局促黯然，不像是兴旺之相。"红烧鲇胡子"原汁原味，仍能保持多年前的水准。一边吃得过瘾一边想到升级了的两家：没了"红烧鲇胡子"，"俺家小院"何以家为？

　　附记：上为多年前旧文，七八年的时间，足以让餐饮洗牌几轮，何况其间还有三年疫情。我所知道的餐馆，就有许多早已关门大吉。某天从南师大敬师楼路过，发现"俺家小院"居然还在，以现今后浪拍死前浪的节奏，能够存在十几二十年，已是妥妥的"老店"。纯是出于好奇，锁了共享单车进去转了转，看看它家现在都在做啥菜，还心存侥幸："红烧鲇胡子"是否重出江湖了？

　　菜单上能见出的，却是店家的与时俱进，我向之所食，显然又翻篇了。一大批看上去"高大上"，在南京别家餐馆频频见到的菜式一一登场：宫保牡丹虾、鸡枞菌煎炒鸭舌、顶汤鲜松茸炖老鸡……酸汤龙利鱼也出来了，只剩青菜牛肉、家乡卷饼还有点农家土菜的影子。我念兹在兹的红烧鲇胡子，现在的服务员连听都没听说过。

你要说它往高端里去吧，它家的装修又并未与时俱进，与敬师楼一样，显得没颜落色。我忘了去张一眼它家现在的包间什么样，主要想看命名是不是一仍其旧。关于俺家小院，当年就有还想补上的一笔——我指的是南师大敬师楼的这家。敬师楼属南师大，之前大概是自己经营，后来承包出去了。也不知是不是以农家菜起家，不擅形象工程的缘故，"俺家小院"接手之后，并未如许多新起的餐馆一般，第一步就是大肆装修。当然也是因为，与白衣庵、龙蟠里的"俺家小院"相比，这里原先的装修已经有"阶层跃迁"的意味了。

不唯没有"焕然一新"，包间甚至原封未动，连同包间名也萧规曹随。里里外外，只换了招牌。原餐厅应是叫作"大观园"又或"红楼"之类，因为包间都是以《红楼梦》大观园中宝黛等人的住所命名的。南师大位于随家仓、宁海路一带，那一带乃是袁枚营造的私家园林"随园"的所在（南师大老校区又称随园校区），追溯起来，这地方又曾是曹雪芹家的祖产，餐厅命名与《红楼梦》大观园扯上关系，也算事出有因。问题是，那些个包间，"大观园"原是覃得住的，"大观园"倒了，"俺家小院"继起，一块大招牌之外，又不做任何变更，店名与包间名放到一处，就特别喜感。就是说，"俺家小院"下面辖着"怡红院""稻香村""潇湘馆""蘅芜院""秋爽斋"……给人的感觉，是刘姥姥在坐镇大观园了。

　　我记得有次吃饭，进的是"稻香村"，另一次是在"秋爽斋"。其中的一次，我对座中人道出关于包间名的发现，就有人起哄，让组局者下次早早订餐，"好歹让我们在怡红院、潇湘馆喝一回酒啊！"

附：随园与《随园食单》

一

六岁时，我们家从南京城东大行宫的中央饭店搬到了城西随家仓。"随家仓"是个地名，大概其的指宁海路、乌龙潭、上海路、五台山那一片——不是街巷、马路名，你若寄封信到这里某人收，不给其他提示，那是收不到的。你若是认死理，硬要找一个具体的点，那就只好把你引到3路、6路公共汽车"随家仓"那一站。我家的位置恰好就在车站那儿，至少在当时，可以被看作随家仓的中心了。

沿广州路往西，行不多远即是南京精神病医院（现在称作"脑科医院"）。不知何人使促狭，把"随家仓"

作了"神经病院""疯人院"的代名词，居然"应者云集"，遂成俗语。说某人该去随家仓了，略等于说此人脑子有病，该送进疯人院。直到现在也还是如此，谁能理会其中的讽示，差不多可以判断他是地道南京人。其实更有理由成为"随家仓"代称的，似乎应该是与我家对面的五台山，一者偌大一片，覆盖面广，二者南京最大的体育场就在五台山，能容纳一两万人，算得上南京的一大去处。时当"文革"，体育比赛之类不大有了，比过去却更是热闹，因隔三岔五便有万人批斗大会、公审大会、誓师大会举行，谁人不知？

精神病院、五台山都可落到实处，反倒是"随家仓"三字，对我们而言，没着没落，像一个空洞的抽象名词。因与精神病院"绑定"的缘故，冥冥中仿佛就有了几分晦气。问家住哪里，回说"随家仓"，一不留神就处在了被打趣讪笑的位置上。也想不到问它的来历。

直到几十年后我才知道，清代乾隆年间，这一带乃是风雅之地，再往前推，夸张点说，还是富贵风流之地：随家仓乃是取随园和小仓山之名复合而成，今之五台山，即昔日小仓山的南岭；至于随园，名声就大了——它是清代诗人袁枚的私家园林。袁枚依山筑园，称其书房为"小仓山房"，其诗文集即名《小仓山房诗文集》，小仓山与随园于是一而二，二而一了。

随园并非袁枚"白手起家"，其所在原是江宁织造隋赫德的园子，因其姓，称"隋园"。袁枚在江宁为官时，"隋园"已废："其室为酒肆，舆台囒呶，禽鸟厌之不肯妪伏，百卉芜谢，春风不能花。"他花了三百金买下，就势取景，随物赋形，重加整治，易一字而为"随园"。

让我激动的是，隋园亦并非隋赫德所造，这园林原是其前任曹寅的产业，其子曹頫被抄家，园子才归了隋赫德，袁枚在《随园诗话》中说："雪芹撰《红楼梦》一部，备记风月繁华之盛，中有所谓大观园者，即余之随园也。"单是他自卖自夸也就罢了，关键是许多学者认这个账，考证出随园前身即大观园的原型——那么说，有十好几年，我就住在大观园里?！不会吧?

——难以置信，除了我的无知，还因随家仓一带，早已面目全非。不要说曹家园林已成废园，为袁枚的随园"遮蔽"，倘我们认前者为原本的话，那袁枚的改写本也是"湘江旧迹已模糊"。岂止是模糊? 整个"日月换新天"。袁枚去世至今，不过两百来年，曹寅的时代距今也不过三四百年，在自然界不过是短暂的一瞬，"高岸为谷，深谷为陵"的变化根本说不上，有的是地形地貌的人为改变，所谓世事沧桑。

举其大者，一为太平天国时，太平军打进南京，将随园夷为平地，改为粮田，据说袁氏后人曾在苏州与太平军交手，占领者恨乌及屋，迁怒随园，必毁之而后快。二是二十世纪五十年代，兴建五台山体育场，将昔小仓山山体挖去大部，成一巨大的坑。我小时候，门前广州路、宁海路为通衢大道，随园旧地为其分割，早已不是昔时的格局，上中学时，五台山顶上，挨着体育场，建起了万人体育馆，再后来发展成体育中心，各种场馆络绎建成，整个五台山可说已罩在一巨大的水泥壳子下面。要透过现代景观遥想亭台楼阁、小桥流水、奇峰怪石、绿竹万竿的农耕时代的园林，难度委实大了点。

但我小时候，南京犹有亦城亦乡的余绪，马路对面的百步坡，是灰色城砖砌成的台阶，拾级而上，即到五台山顶，上面是大片的菜田，随园虽了无痕迹，袁枚的墓至少还在百步坡的。

百步坡中间有一转折，仿佛一楼二楼之间，转折处的左侧山坡上有小树林，下面是一片私坟；右侧则有一个小聚落，人家多以爆米花为业，都是从山东来南京讨生活的乡里乡亲，都姓孔，人称"孔家村"。孔家村不断增加新成员，房子不够住了，便挖后面的山，造土坯房子。这个聚落再往西去，又是菜地，犹记在那一带见到过一个牌坊，还有较大而特别的墓碑，那应该便是袁枚的墓了。一九七四年盖五台山体育馆，文保单位做了清理，袁枚留下的最后一点痕迹遂告消失。其时我根本不知袁枚其人，对这些"封资修"的玩意儿当然不感兴趣，倒是那片私坟曾带给我和玩伴兴奋和刺激，我们会在月黑风高的夜晚闯到那里去踢坟头，以示胆大。

假如彼时有文史方面的兴趣，也许我会去看看袁枚的墓，了解一下这里埋着一个什么样的人。

有一块镌有桐城派古文大家姚鼐所撰墓志铭的碑应该可以满足此类好奇心，可惜此碑已不存，据说原先好几块碑皆下落不明。这个家族墓葬里，唯刻有"考袁简斋公，妣王大宜人之墓"的袁枚墓碑在一户人家门前的台阶下被侥幸发现，已被当垫脚石踩了好多年。当然姚鼐撰写的墓志铭不会与碑俱去，记不得我是在哪儿读到的，那已是在我们的文学史课讲到袁枚之后了。

清代那么多诗人，我对袁枚印象颇深，一是因为买过一部《随园诗话》，过去没看过这类书，颇觉新鲜；二是授课老师对他身上才子气的奚落之词，一言以蔽之，曰"不耐"：不耐学书，字写得很糟；不耐作词，嫌其必依谱而填；不耐学满语，乾隆七年（公元1742年）庶吉士散馆，以习满文不合格放任知县；不耐仕宦，乞养时年仅三十三岁，后再铨选知县，未及一年复归。这也不耐，那也不耐，他究竟"耐"什么？他"耐"的是才子风流。才子风流见于吟诗做赋，见于喜收红袖添香式的女弟子，见于游山玩水，也见于对随园的惨淡经营。想想看，两年的时间搭进去，随园也才初具规模，而他为官积下的银子已然花得一个不剩了。

　　这后一条不知是不是课上讲到，还有一项袁枚持之以恒很能"耐"的，老师则没有提及：他对美食孜孜以求的钻研。

　　我是到很迟才知道袁枚还写过一本叫《随园食单》的书。你在任何工具书里查"袁枚"词条，他的身份不外诗人、散文家、文学批评家，他自己可能都想不到，就因这份食单，他的美食家身份这些年浮出水面，扶摇直上，大有晋升古今第一"吃货"之势。在餐饮行业，在资深吃货那里，《随园食单》固然早已被尊为厨艺中之《葵花宝典》，挂到小资、白领嘴边，且不时被媒体拿来为饮食文化助阵、造势，则当在全民醉心舌尖上的狂欢之后。

南京是袁枚生活的城市，也是他攒那份食单的地方，自然得风气之先，某年四月，南京市全民阅读办公室发起推选"南京传世名著"，要从五十部或在南京写作、出版，或以南京为题材的名著中选出二十四部，且要择地为其竖碑，五十部候选书单中，《随园食单》赫然在焉。名作家苏童的推荐语中盛称该书"文字简单清爽，人人都可照着去做"，似乎是在以它的"亲民"相诱。"90后"义务宣传起来，则更带蛊惑色彩，微博上一篇热转的博文有个颇合于"标题党"风格的题目：真话，这本书没看过就别说自己是吃货了。准此而论，《随园食单》俨然吃货的通关文书。

我怀疑《随园食单》的名声四播，还因有准制度化的保证：人教版中学语文课本里选了汪曾祺《端午的鸭蛋》一文，文中引了《随园食单·小菜单》中"腌蛋"一节，于是便有这样的复习题在网上求标准答案：作者为什么要专门提及袁枚的《随园食单·小菜单》？引用的文章有什么用意？即使对美食全无兴趣，经由应试做题，袁枚的小书也必在脑子里挂上号了。

二

文人说美食，算不上稀奇。文人在吃上面并不自成一体，给菜系分类，地域之外，有人也从做法的精粗上来区分，给贴上宫廷菜、官府菜、私家菜、馆子菜、农家菜之类的标签，但从未闻有文人菜一说，虽然文人在饮馔上也不无创获。身为吃货中的一群，文人也不见得就比其他各色人等对美食更能知味，写《美食家》的陆文夫固然好美食，比他吃上面更讲究更得趣的苏州吃货却大有人在。

文人在说美食上也未必就独擅胜场，我就颇认识几位吃货，不独能做会吃，且说起来头头是道，能将所食之物形容尽致，令人馋涎欲滴。文人的强项不在口舌的"说"，而在写，笔之于书，记录在案，于是广为人知，传之久远。在古代，这上面袁枚可谓拔得了头筹。虽然他之前也有文人落墨于此，举名气大者，就有苏东坡、李笠翁，但与袁枚的《随园食单》比起来，就只能算

"残丛小语"：前者是随兴所至、偶一为之，后者则是一部饮食的"专著"；东坡、笠翁所记，零零星星，袁枚笔下，却有数百道菜肴纷然杂陈，江浙的吃食，差不多被他写遍了。

我敢肯定，袁枚撰此食单决不会像《小仓山房诗文集》《随园诗话》那样有"传世"之念，但他委实打点起了十二分精神。想想看，此书之成，前后竟有四十年。博采广收，刨根问底，简直拿出了做学问的劲头。

《随园食单》规模空前，那是有条件的，尤其是袁枚收入的都是他曾亲尝者，没有吃上的无所不至，更是不办。这一是生逢其时，我是说，到了清乾隆年间，中国人的吃已然演进到相当的水准，其讲究不要说石崇的时代，苏东坡的时代也远不能相比，我们今日的饮食，大体上也还不能出其范围之外。二是袁枚他老人家吃得起，食单上那些讲究的菜肴，李笠翁那样的下层文人只有咽口水的份，苏东坡做过不小的官，更多的时间却是贬谪之身，鼓捣出东坡肉就算是打牙祭了，哪有随园老人的口福？

有一说，称南京随园菜与北京谭家菜、曲阜孔府菜并称"三大官府菜"。所谓"官府菜"是相对于菜馆菜而言，基础是家宴，在家中炮制，不计时间不计工本。随园菜究竟是《随园食单》所载便算数，还是指袁家独创的经典菜肴，可不深究：几百道菜虽有不少得自别家，其精华谅必都在精于食事的袁家厨房里演练实验过了。问题是，袁枚四十岁便绝意仕途，再不为官，似乎我们也不必攀上"官府"了——官府菜之为家宴，当然不是寻常人家的家宴。须知孔夫子被封"至圣先师"，孔府上历朝都是官拜文官第一位，真正的高门巨族，而谭家也是在有来历的。袁枚做官做来做去不过是在县令上转，告归后已是一介布衣。

当然我们也不必胶柱鼓瑟，袁枚的随园虽无大观园的风光，派场还是有的。这就不得不说到他的经营有方。文人所有者，用今日的术语说，叫"象征资本"，即他的名声。袁枚为"清代骈文八大家""江右三大家"之一，文笔又与大学士直隶纪昀齐名，时称"南袁北纪"，朝野共仰，慕名来访者，重金请其撰墓志之类文章者，不计其数，而他又善理财，不言其他，我们知道他为营建随园花光了七年为官的积蓄，到去世时却有两万多两银子留下，也就可想见他日子过得相当阔绰。

他花了多少银子在美食上，不得而知，但随园里

"客中座常满，樽中酒不空"，自不待言，以他的精于美食，治佳肴以待客，当为常态；投其所好，富者贵者频频邀宴，三日一小宴，五日一大宴，也是意料中事，单是在食单里，他从这家吃到那家的信息，即不在少数。他又喜游山玩水，到一地访求美食属题中应有，所到处皆有仰慕者接待，必大快朵颐。

吃过止于心满意足，那就没有《随园食单》。袁枚是有心人："每食于某氏而饱，必使家厨往彼灶觚，执弟子之礼。四十年来，颇集中美。有学就者，有十分中得六七分者，有仅得二三分者，亦有竟失传者。余都问其方略，集而存之。虽不甚省记，亦载某家某味，以志景行。自觉好学之心，理宜如此。"这便是《随园食单》的"行文出处"了。袁枚所出入者，多为官府人家，他的"颇集众美"，也可以说是集南边官府菜之大成。

关于随园菜，还需重重补上一笔的，是随园的私厨王小余。官府菜之能够成立，除了主人好美食，一大要件，是家里养着一位肯于钻研，烹调手艺绝佳的大师傅。袁枚虽则不遵"君子远庖厨"的圣人教诲，于厨师颇能亲近，且喜琢磨厨事，这上面却是"君子动口不动手"，顶多指点江山，参与谋划，要得口福之乐，还得假手他人。王小余在随园因此举足轻重，重要到袁枚要为他立传——为"肉史之贱者"立传，在上智下愚斩然分明的古代，恐怕也是绝无仅有了。中国美食，源远流长，烹饪妙手，代不乏人，然即使皇家御厨，也鲜有留名后世者，一篇《厨者王小余传》，却让这位大厨在烹饪史上享有了一席之地。

据袁枚所言，王小余的厨艺神乎其技，当厨之际，大老远闻着没有不流口水的，他还很有几分矜持，以袁的形容，吃他所烹饪的食物，食客嚷嚷着恨不能将盘碗都吃下去，但他就做六七样，再不肯多来。有趣的是，他的烹饪理念与主人简直如出一辙，袁枚"记"其言，时不时让他说上一大通，一套一套的，直如《随园食单》饮食之道的翻版。有人说他，你这活儿是顶级的了，只是动辄炮炙宰割的，岂不是作孽？——这有点像今日的环保、生态之问了，你道他如何作答？他引经据典振振有词道：庖牺氏至今，所炮炙宰割者万万世矣。乌在其孽庖牺也？虽然，以味媚人者，物之性也。彼不能尽物之性以表其美于人，而徒使之狼戾枉死于鼎镬间，是则孽之尤者也。吾能尽《诗》之吉蠲、《易》之《鼎》烹、《尚书》之薰饫，以得先王所以成物之意，而又不肯戕杞柳以为巧，殄天物以斗奢，是固司勋者之所策功也。而何孽焉？虽然《儒林外史》里说南京"菜佣酒保皆有六朝烟水气"，但那是夸饰语，我们大可怀疑袁枚将自己的一番道理塞到了王小余嘴里，让他暂充了代言人。

但下面这一段绘声绘色，就绝对是王小余的造像了：……其倚灶时，崔立不转目，釜中瞠也，呼张吸之，寂如无闻。眴火者曰"猛"，则炀者如赤日；曰"撤"，则传薪者以递减；曰"且然蕴"，则置之如弃；曰："羹定"，则侍者急以器受。或稍忤及弛期，必仇怒叫噪，若稍纵即逝者。当厨似上战场，整个如临大敌，令行禁止，把控火候直如把握战机，容不得半点差池，那些烧灶、传菜打下手的，手脚稍慢即招来怒声咆哮，隔着袁枚的笔墨我们都能感受到随园厨房里如同千钧一发的紧张氛围。

端的是"态度决定一切"，王小余如承大事，用心若此，又颇能理会袁枚的饮食之道——我们不知那是袁枚的灌输，还是他无师自通，由烹饪自己悟得，甚或袁枚从他那里不意中得启发，再加升华也未可知，主仆二人多少互有影响却是肯定的——袁枚于饮馔中贯彻他的美食原则，自然如指使臂，无不如意。

可想而知，《随园食单》上的许多菜肴，这位大厨都操练过，倘若随园菜自成体系，我们不妨说，那也是随园主人与王大厨的一场"共谋"。

三

不比谭家菜、孔府菜，随园菜早已失传了，要想得其仿佛，只能到《随园食单》里去按迹循踪，这书的意义，却远出于一家哪怕是大名鼎鼎的私房菜官府菜。要归类却有点难。食单者，菜单、食谱是也。《随园食单》记下了三百多道菜肴、点心的用料、做法，以此而论，似宜视为菜谱；但于食物的赏鉴品评，相关人事的记述点染，饮食之道的讨论发挥，又远出于寻常菜谱之外。古人著述，有所谓笔记体，札记性质，无论何种内容，均可拉杂记之，不求完整，片段化正其特征。《随园食单》实不妨看作袁枚的一部饮食笔记，就写法而言，与《随园诗话》并无不同，不过是以饮食为题而已。

《随园食单》的不同于寻常菜谱，还不单在涉笔成趣的旁逸斜出，而在一道道佳肴登场之前，先声夺人的

"戒单""须知单"。袁枚是个不但爱吃、会吃，尤其强调要吃个明白的人。以他的话说："学问之道，先知而后行，饮食亦然。"于是先来一通开宗明义的告诫。

"戒单""须知"二单时有交叉重叠，都是晓以饮食正道，戒以误入歧途。为什么要特别耳提面命一"戒"字呢？曰："兴一利不如除一弊，能除饮食之弊，则思过半矣。"——好比是袁枚颁布的饮料食上的"三大纪律，八项注意"。一条一条，颇多对当厨者发话的，直指操作层面，比如"戒外加油""戒同锅熟""戒停顿"……相当之具体。也有较为"抽象"的，比如"戒耳餐"："何谓耳餐？耳餐者，务名之谓也。贪贵物之名，夸敬客之意，是以耳餐，非口餐也。"，这乃是对食者发话了。

不仅此也，袁枚谈吃是"全局"在胸的谈法，饮食在他乃是一盘大棋，相关者皆在论例，"戒强让"说的是餐桌礼仪。"本分须知"则说的是请客，简单地说，要做自家拿手的，不要一味迎合讨好，"汉请满人，满请汉人，各用所长之菜，转觉入口新鲜……汉请满人用满菜，满请汉人用汉菜，反致依样葫芦，有名无实，画虎不成反类犬矣"。论之不足，他还以科考作比："秀才下场，专作自己文字，务极其工，自有遇合。若逢一宗师而摹仿之，逢一主考而摹仿之，则掇皮无真，终身不中矣。"戒苟且"一条最是有趣，是说如何调教厨师："凡事不宜苟且而于饮食尤甚。厨者，皆小人下材，一日不加赏罚，则一日必生玩愒。火齐未到而姑且下咽，则明日之菜必更加生……厨者偷安，吃者随便，皆饮食之大弊。"一言以蔽之，想吃到好东西，你得嘴刁!

"须知"二十条，"戒单"有十四戒，袁枚想到哪说到哪，并无分明的层次，然嘈嘈切切错杂弹，却有他一以贯之的饮食原则，这原则其实也见于后面分门别类列出的食单中。他作诗主性灵，饮食之道也是这一脉，强调的是顺其自然。落实到饮馔上，就是顺物之性，物尽其用，天然胜人工。

讲究烹饪，原是人工的范畴，袁枚所主，却是下功夫将食材的特性彰显出来，用力处在突出本味或原汁原味。这首先就得食材好，所以"须知单"上首先就是"先天须知"："凡物各有先天，如人各有资禀。人性下愚，虽也孟之教无益也;物性不良，虽易牙烹之，亦无味也。"所以他说："大抵一席佳肴，司厨之功居其六，买办之功居其四。"他那位王大厨也是"必亲市场"，包办采买。

有了好食材，最忌讳的就是糟蹋了：浪费是糟蹋，过度烹饪伤其本味也是糟蹋。"戒暴殄"一条中说："鸡、鹅、鱼鸭，自首至尾，俱有味存，不必少取多弃也。尝见烹甲鱼者，专取其裙而不知味在肉中；蒸鲥鱼者，专取其肚而不知鲜也背上。"至于挖空心思对牲畜施以酷刑如炭烤活鹅之掌，刀剜生鸡之肝等类，更为他所不取，理由是，"物为人用，使之死可也，使之求死不得不可也。"

分门别类的"水族无鳞单"里有一味鳝丝羹，我印象深刻倒不是因其"鳝鱼煮半熟，划丝去骨，加酒、秋油煨之，微用纤粉，用金针菜、冬瓜、长葱为羹"的语焉不详，而是他跟着来了一句"南京厨者辄制鳝为炭，殊不可解"。我怀疑这里所谓"制鳝为炭"者，说的就是金陵名菜"炖生敲"，这道菜是要将鳝鱼炸之银灰色后再加煨炖的，倘我猜得不错，我得说"炖生敲"并未因炸作碳色而失其美味，怎样就算作"本味"也还可商，不过袁枚的不屑却反证了他如何坚守他的原则，而这原则在江浙一带已被普遍接受了。

的是随园菜长久失传，袁枚津津乐道的种种佳肴美点，我们似乎只能借《随园食单》来脑补了。当然这书名气那么大，不可能无人动念做一番重整旗鼓的尝试。二十世纪八十年代初，南京餐饮界大师级的人物，金陵饭店的厨师薛文龙，就曾苦心研究，让随园菜死而复生。《随园食单》并非真正意义上的菜谱，虽记下关于菜肴的种种，却是语焉不详，不能照方抓药。比如《随园食单》说："有愈煮愈嫩者：如腰子、鸡蛋之类是也。"并说煮茶叶蛋的时间应当为"两炷线香"。究竟如何，却未交代，为此薛文龙特意拜访寺庙的老和尚，得知每个时辰敬香一炷。按此推算，"两炷线香"约四个小时。他反复试验，用三十二个鸡蛋来煮茶叶蛋，最终发现果然煮四个小时的茶叶蛋最好吃，卤汁渗透蛋黄，美味异常——顶真若此，真可与王小余一较高下了。薛文龙在金陵饭店也当真推出了一系列随园菜品，据说颇得食客称赏。只是随他去世，随园菜又复音沉响绝。

随园菜虽难以为继，《随园食单》的影响却并不与之俱去。随园菜不像孔府菜、谭家菜，其承传着落在一些经典菜肴之上（得享口福者，是为数不多的食客），袁枚则因《随园食单》扮演着广大教主的角色，我们也许不能指出餐馆里或家中餐桌上的哪道菜出自《随园食单》，然而潜移默化，润物无声，江浙一带人的饮食早已在其笼罩之下，处处能见到它的影子，它的美食之道，既见于餐馆里的精致菜品，也见于我们寻常百姓家的厨房。照专业人士的说法，时至今日，淮扬菜、本帮菜、杭菜、徽菜，仍万变不离其宗，跳不出这本食单。

明乎此，我们也就不必胶柱鼓瑟念念于随园菜的复活。前些年杭州人到广东推广杭菜，一大看点就是推出的一些菜品系自《随园食单》而来。南京人不服气，好像杭州人是拿了我们的本钱去做生意，继而要做真伪之辨，说那是胡来。我不知就里，未有机会品尝，不敢妄评。倒是知道南京后来有过一两家馆子，号称做的是随园菜。待好奇心起，起意去探探，那边已然偃旗息鼓了。想来不过是打着"随园"招牌的噱头。曾去过一家《红楼梦》主题餐厅，苏帮菜，既然打出《红楼梦》的旗号，少不得有几道小说里写到的菜，其中就包括让刘姥姥舌抉不下的茄鲞。结果是寡而无味，就一形似窝窝的面托兜着些茄丁加肉丁，像是急火炒的，哪有半点《红楼梦》里描写的那份复杂滋味？实在是败兴。招徕顾客的所谓随园菜，当是一路货色。

写到此忽然意识流地想到，袁枚似乎是读过《红楼梦》的，曹雪芹写的众多美食，不知他会怎么评价。我猜茄鲞在他那里怕是不落好的，倒不在炮制过程的复杂，关键是，茄子的本味已是没半点影子，以他的标准，或者做作如同龚自珍笔下的病梅吧？